AF238643

Haiko Blank

DOGLIFE
BARF

Hunde naturnah ernähren

Rund um das Thema BARF

NOEL-Verlag

Impressum

© 2017 – Haiko Blank
In Zusammenarbeit mit Christine Klumb

Bei Ernährungsfragen:
E-Mail: haiko.blank@gmx.net

Autor: Haiko Blank
Layout und Bilder: Christine Klumb, Haiko Blank, Christina Gilde
Covergestaltung: Noel-Verlag

1. Auflage
Printed in Germany
ISBN 978-3-95493-210-8

Inhaltsverzeichnis

Verzeichnis Berechnungsbeispiele und Tabellen

Vorwort

Mit diesem Buch möchte ich Ihnen meine BARF-Philosophie näher bringen und Sie auf einfachem, verständlichem Wege durch dieses Thema führen.

Von Anfang an werden Sie über alles Wichtige bezüglich BARF informiert, z.B. wie die Umstellung auf BARF vonstattengeht mit seinen evtl. Begleiterscheinungen, über Futtermengen-Berechnungen, Futterpläne, bis hin zu Auflistungen der Nahrungsmittel und Nährstoffe, die für den gesunden Hund verträglich und sinnvoll sind, sowie einige Rezeptvorschläge. Ebenso wird auf gesundheitsschädliche Lebensmittel eingegangen.

Für BARF-Einsteiger hört sich vieles erst einmal kompliziert und aufwendig an. Man ist verunsichert und weiß nicht genau, was man davon halten soll. Denn einerseits erscheint es uns logisch, unter dem Aspekt der Gesundheit, unseren Hund zu BARFen, andererseits legen wir noch eine gewisse Skepsis an den Tag. In den Medien hört und liest man die unterschiedlichsten Aussagen zu diesem Thema, dass einem eigentlich nichts anderes übrig bleibt, als es selbst auszuprobieren, um sich eine eigene Meinung bilden zu können.

Wenn Sie sich etwas intensiver mit dieser Thematik befassen, werden Sie schnell erkennen, dass die Lebensmittel nicht mit einer Milligrammwaage abgewogen werden müssen und Sie selbst auch keine Ausbildung zum Metzger oder ein Studium zum Biochemiker brauchen.

Letztendlich sollten Sie Ihrem Hund eine optimale Zusammensetzung und somit die Ausgewogenheit der Nahrung gewährleisten, denn sie ist das Fundament für die Gesundheit Ihres Tieres.

Probieren Sie es einfach mal aus. Ihr Hund wird mit Spaß und Freude sein „neues" Futter fressen.

Vielleicht kann ich Sie zum Umdenken anregen oder sogar davon überzeugen, dass BARF eine Fütterungsmethode zum Wohle unserer Hunde ist.

In diesem Sinne wünsche ich viel Spaß beim Lesen.

Haiko Blank

Rund um das Thema

 "BARF"

Der Hund gehört zu den Carnivoren – den Fleischfressern

Der Hund gehört wie sein Vorfahr, der Wolf, zu den Carnivoren.
Die Bezeichnung "Carnivoren" setzt sich aus den lateinischen Begriffen carnis (Fleisch) und vorare (verschlingen) zusammen.

Die Hauptnahrungsquelle in freier Wildbahn lebender Wölfe sind überwiegend mittelgroße bis große pflanzenfressende Huftiere, die im Rudel gejagt werden. Befindet sich in ihrem Territorium jedoch kein Großwild, müssen sie ihren Nahrungsbedarf durch kleinere Beutetiere, wie Hasen, Kaninchen, Füchse, Kleinnager und Vögel decken. Bei Nahrungsknappheit stehen dann gezwungenermaßen auch Fallobst, Beeren, Kräuter, Gräser, Wurzeln, Insekten und Abfälle auf ihrem Speiseplan.

Von den erlegten kleinen Beutetieren wird alles gefressen. Große Huftiere werden bis auf ihre großen Knochen, das Fell und Teile des Darmtraktes verwertet. So erhält der Wolf alle essentiellen Nährstoffe, wie Proteine, Fette, Kohlenhydrate, Mineralstoffe, Vitamine, Enzyme und Ballaststoffe. Ebenso ist die vorverdaute pflanzliche Nahrung aus dem Magen-/ Darminhalt eine wertvolle Nährstoffquelle.

Das Gebiss des Hundes gleicht dem eines Carnivoren. Die kräftigen Eck-/Fangzähne dienen zum Packen und Halten der Beute. Die größeren Backenzähne und die Reißzähne besitzen scharfkantige Höcker, um größere Beutestücke zu zerkleinern. Die hinteren Backenzähne können Knochen zermalmen. Mit den flachen Schneidezähnen werden die Fleischreste vom Knochen gelöst. Das Gebiss ist somit nicht darauf ausgelegt Getreide zu zermahlen.

Im Vergleich zu Pflanzenfressern sind im Speichel des Hundes kaum Verdauungsenzyme. Der Speichel ist zähflüssig und hat hauptsächlich eine schmierende Wirkung, die dazu dient, Nahrungsstücke besser in den Magen zu transportieren. Da der Hund die Nahrung in relativ großen Stücken schluckt, müssen diese gleitfähig sein, um leichter durch die Speiseröhre rutschen zu können. Der Hund produziert normalerweise wenig Speichel, aber allein beim Wahrnehmen von Futter oder bei trockener Nahrung werden die Speicheldrüsen zur Speichelproduktion animiert.

Der Verdauungstrakt des Hundes ist auf die Verwertung von Fleisch ausgelegt. Die Magensäure ist deutlich aggressiver als z.B. die des Menschen und enthält entsprechend mehr Salzsäure. Sie zersetzt die Nahrung und tötet Mikroorganismen ab. Magensäure wird nicht ständig produziert. Ist der Magen leer, wird auch keine produziert. Erst der Schlüsselreiz „Fleisch" regt die Produktion der Magensäure wieder an.

Der Hund hat einen deutlich kürzeren Darm als reine Pflanzenfresser. Die Nahrung muss daher hochwertig und leicht verdaulich sein, damit auf der „kurzen Strecke" alle wichtigen Nährstoffe effektiv resorbiert werden können. Beim Hund dauert der Verdauungsprozess von Fleisch und Knochen ca. 24 Stunden, Pflanzenfresser brauchen mehrere Tage für die Verdauung ihrer Nahrung.

Folglich zählt auch der Hund zu den Carnivoren - den Fleischfressern. Daraus ergibt sich ein entscheidender Aspekt bei der Fütterung: Eine auf Getreide basierende Ernährung ist nicht "naturgemäß".

Getreide dient lediglich als Füllstoff und liefert zudem noch Stärke. Diese wird vorwiegend zu Zucker umgewandelt und ist schädlich z.B. für Zähne, Nieren und den Blutzucker. Im Fertigfutter sind kaum noch Enzyme vorhanden. Die Bauchspeicheldrüse, die u.a. die Blutzuckerregulation steuert, ist letztendlich mit der Herstellung der benötigten Menge an Enzymen überfordert, die sie für die Verwertung der Stärke braucht. Dies kann zu Durchfällen, Blähungen, Unruhe, Futtermittelunverträglichkeiten und Diabetes führen.

Da "Fleisch" als Schlüsselreiz fehlt, werden nicht genügend Magensäfte produziert. Bakterien werden nicht abgetötet und gelangen weiter in den Darm. Dort bildet sich ein parasitenfreundliches Milieu, was zu Durchfall, Fehlgärung und im schlimmsten Fall zur Magendrehung führen kann.

- Grauwölfe -

10

BARF – Bedeutung und Geschichte

BARF steht für "**B**ones **A**nd **R**aw **F**ood" (Knochen und Rohes Futter), aber auch für "**Bio**logically **A**ppropriate **R**aw **F**oods" (Biologisch Angemessenes Rohes Futter).
Swanie Simon übersetzte die Abkürzung „BARF" in Deutsch mit "**B**iologisch **A**rtgerechtes **R**ohes **F**utter".
Diese Definition hat sich mittlerweile bei uns für BARF etabliert.
BARF heißt somit naturnahe Ernährung des Hundes. Rohes Fleisch, Knochen, Innereien, frisches Obst, Gemüse und Kräuter, sollen ein Beutetier samt seines Mageninhaltes nachahmen.

"To barf" (American English) wird umgangssprachlich mit "kotzen, sich übergeben, sich erbrechen" übersetzt. Wildcaniden ernähren ihre Welpen mit hochgewürgtem Futter – was ein natürlicher Vorgang ist. Dies kann man auch heute noch vereinzelt bei unseren Haushunden sehen.

Die ursprüngliche Bezeichnung "**B**ones **A**nd **R**aw **F**ood" wurde von der Kanadierin Debbie Tripp erfunden. Sie stand anfangs dieser Fütterungsmethode sehr skeptisch gegenüber. Nach hitzigen Diskussionen mit einem BARF-Anhänger und -Züchter in Australien, war sie davon überzeugt, dass diese Fütterungsart doch Sinn mache. Sie ernährte von da an ihre Hunde auch nach dieser Methode.

Die zugrunde liegende Idee der Rohfütterung stammte allerdings nicht von Debbie Tripp, sondern von dem australischen Tierarzt Dr. Ian Billinghurst. Er begann schon vor über 20 Jahren den Zusammenhang zwischen industriell hergestelltem Futter und unterschiedlichen Hundekrankheiten zu erforschen. Diese Erkenntnisse und die daraus resultierende Fütterungsmethode veröffentlichte er 1993 in seinem Buch "Give Your Dog A Bone".

Der Grundgedanke seines Ernährungskonzeptes beruhte auf der evolutionären Entwicklung des Haushundes. Schon sein Vorfahre hatte sich über Millionen von Jahren unverändert von roher tierischer und pflanzlicher Kost ernährt.

Durch die Domestikation bedingt erweiterte sich sein Speiseplan zunehmend um menschliche Abfälle und Tischreste. Eine vielfältige Ernährung, an die der Hundeorganismus auch heute noch angepasst ist.

Mit der industriellen Futterherstellung begann eine grundlegende Änderung der Hundeernährung. Bestand die Nahrung bis dahin hauptsächlich aus rohem Fleisch, fleischigen Knochen, Innereien und anderen hochwertigen tierischen und pflanzlichen „Rohstoffen", wurde nun im Fertigfutter gekochte Nahrung und Getreide verarbeitet. Billinghurst erkannte, dass solch eine radikale Umstellung für den Organismus gesundheitliche Schäden zur Folge haben muss.

11

Die Futtermittelindustrie jedoch suggerierte dem Tierhalter, dass allein das industriell hergestellte Futter ausgewogen und gesund sei. Andere Fütterungsmethoden würden zwangsläufig zu Unter- oder Überversorgung mit Nährstoffen führen und somit die Gesundheit des Hundes gefährden.

BARF geht nun wieder zum Ursprung zurück, zu einer biologisch artgerechten Ernährung, so wie Hunde auch früher ernährt wurden - mit dem, was gerade zur Verfügung stand. Billinghurst war auch der Auffassung, dass nicht jede Hundemahlzeit komplett ausgewogen sein muss. Die Ausgewogenheit stelle sich durch das vielseitige Angebot an Naturprodukten im Verlauf mehrerer Mahlzeiten ein.

Billinghurst wies ebenso darauf hin, dass BARF kein „Allheilmittel ist", aber es könne wesentlich zur Wiederherstellung, Heilung und Erhaltung der Gesundheit, im Rahmen der genetischen Ausgangslage und der Umweltbedingungen, beitragen.

Quelle: "BARF oder nicht barf" - Vaughn, Gitta

Jede Fütterungsart hat Vor- und Nachteile, vor allem unter dem Aspekt der Bequemlichkeit. Aber jeder Hundehalter muss für sich und sein Tier selbst entscheiden, was in seinen Lebensrhythmus passt.

– Alicia – Chelsea – Dayo – Neo – Emma –

12

Fertigfutter

Was steckt drin?

Die meisten Hundebesitzer greifen aus Unwissenheit, Bequemlichkeit und Zeitmangel zu Fertigfutter (Trocken- oder Dosenfutter). Sie legen somit die Ernährung ihres Hundes in die Hände der Tierfutterhersteller. Es ist schließlich auch angenehmer und einfacher Tüten und Dosen zu kaufen und sich nach den Fütterungsempfehlungen des Herstellers zu richten, als sich selbst Gedanken darüber zu machen, was man seinem Hund überhaupt füttern darf und vor allem wie viel?

Fertigfutter bestehen aus verarbeiteten gekochten / getrockneten Produkten. Die darin noch enthaltenen Vitamine, Mineralien, Enzyme und Aminosäuren sowie essentielle Fettsäuren werden durch die Erhitzung während der Herstellung weitgehendst zerstört und müssen anschließend dem Fertigfutter wieder zugeführt werden. Dies geschieht durch chemisch hergestellte Präparate, die ebenso wie die zugesetzten Konservierungsmittel und Geschmacksverstärker vom Organismus nur schwer verwertet werden können.

Viele Fertigfutter enthalten immer noch Getreide, das rein als Füllstoff dient, ohne nennenswerten Nährwert. Dabei gilt Getreide als Hauptfaktor z.B. von Allergien bei vielen Hunden (Glutenunverträglichkeit). Ebenso werden neben Hautproblemen auch Krebs, Nieren- und Lebererkrankungen, Immunschwäche und Wachstumsstörungen immer häufiger mit Fertigfutter in Verbindung gebracht.

Auch wenn der Trend inzwischen zu „Getreide- / Glutenfrei" und Produkten wie z.B. „Frei von Konservierungsstoffen und Geschmacksverstärkern" geht, sollte man sich doch einmal die Mühe machen, die Inhaltsstoffe auf den Futtersäcken oder Dosen genauer zu entschlüsseln. Leider müssen diese bei der Tiernahrung noch immer nicht exakt deklariert werden, sodass die Futtermittelindustrie mit Werbeaufdrucken wie z.B. „Premium", „100 % Natürlich" oder „Pure" dem Hundebesitzer suggeriert, ein „gesundes" Produkt zu kaufen.

Aussagen auf Trockenfuttersäcken, wie beispielsweise „Hergestellt aus 70 % Frischfleisch" in folgendem Beispiel vom Huhn, sind ebenso irreführend. Das Fleisch wird vor der Trocknung im rohen Zustand gewogen. Es verliert während der Trocknung ca. 74,6 % seines Gewichtes an Flüssigkeit, sodass z.B. von 100 g Hundefutter mit einem deklarierten Frischfleischanteil von 70 % / 70 g Frischfleisch nach der Trocknung etwa 17,8 g Trockenfleisch übrig bleiben. Im fertigen Trockenfutter wäre dies also lediglich noch ein Fleischanteil von 25,4 %. Diese Irreführung ist nach unserem Futtermittelrecht leider völlig legal.

Hier stellt sich die Frage: Was macht Fertigfutter eigentlich so interessant für unsere Hunde? Schaut man sich die Deklarationen auf einer Dose oder einem Futtersack an, so stellt man fest, dass es immer um die „Zusammensetzung", die „Zusatzstoffe" und die „Analytischen Bestandteile" geht.

Was steckt nun hinter diesen Begriffen? Die Zusammensetzung ist immer das sogenannte Rezept des Produktes. Bei den gelisteten Zusatzstoffen handelt es sich um chemisch hinzugefügte Zusätze der gesamten Zusammensetzung. Diese werden dem Fertigfutter künstlich hinzugefügt. Als analytische Bestandteile wird die Menge der Vitamine, Nährstoffe etc. bezeichnet, die im angegebenen Ausgangsprodukt des Futters enthalten sind. Das heißt, wenn auf der Packung „Mit Lamm und Huhn" steht, besagen die analytischen Bestandteile, welche Vitamine und Nährstoffe etc. im Lamm- und Hühnerfleisch enthalten sind. Zudem sind heute immer noch in einigen Fertigfuttersorten diverse Konservierungs-, Geschmacks- und Lockstoffe enthalten.

Grundsätzlich muss man sich bewusst sein, dass zum geringsten Anteil wirklich reines Muskelfleisch im Fertigfutter enthalten ist. Für die Herstellung von Hunde- und Katzenfutter dürfen „nicht für den menschlichen Verzehr bestimmte tierische Nebenprodukte" verwendet werden, auch als K3-Material bezeichnet, welches in der Verordnung (EG) 1774/2002 geregelt ist.

Bei diesen tierischen Nebenprodukten handelt es sich um Schlachtabfälle, die für den menschlichen Verzehr nicht geeignet sind, wie Lunge, Milz, Ohren, Euter, Sehnen, Knorpel etc., ebenso Blut, Häute, Hufe, Hörner, sowie Schweineborsten, Federn, Wolle und Pelze. Aber auch z.B. Geflügelmehl, das aus gemahlenen Krallen, Schnäbeln und Federn besteht, darf Bestandteil vom Tierfutter sein.

Futter-Deklaration, z.B.:

Getreide:	Weizen, Reis, Mais, Gerste, Weizenkleie etc.
Tierkörpermehl / Tiermehl:	aus Kadavern unterschiedlichster Tiere
Tierische Nebenerzeugnisse:	Schlachtabfälle (K3-Material)
Pflanzliche Nebenerzeugnisse:	Erdnussschalen, Stroh, Holzschnitzel, Wurzeln etc.
Lockstoffe / Geschmacksverstärker: (Akzeptanzverbesserer)	tragen zur Geschmacksverbesserung bei: Glutamat, Mononatriumglutamat, Hefeextrakt, Glycin etc.
Zucker:	Zuckerrübenschnitzel, Malzextrakt, Melasse, Ahornsirup, Dextrose, Süßstoff (E 951) etc.
Salz:	als Salzersatz wird oftmals Urin verwendet
Synthetische tierische Duftstoffe:	Fasan, Hase etc.
Farbstoffe:	verleihen dem Futter einen appetitlichen Rot-Ton
Konservierungsstoffe /	machen das Fertigfutter haltbar Antioxidationsmittel: Sie verhindern Schimmelbildung und die Vermehrung von Bakterien und zögern damit den natürlichen Verfall des Futters hinaus.

Gewürzte Gewohnheiten

Über tausende Jahre haben wir Menschen uns angewöhnt unsere Speisen mit Gewürzen zu verfeinern und so schmackhafter zu machen. Oft wird dabei jeglicher Eigengeschmack des Produktes so überlagert, dass viele von uns gar nicht mehr wissen, wie es im natürlichen Ursprung schmeckt.

Beim BARFen sprechen wir von einer „naturnahen Ernährung". Hunde die gebarft werden, haben uns Menschen gegenüber den großen Vorteil, dass sie den ursprünglichen Geschmack kennen. Sie müssen das Fleisch nicht mit Salz und Pfeffer würzen, damit es ihnen schmeckt – sie fressen es gerne in ihrem natürlichen Ursprung, denn Salze und Zuckermoleküle sind im Fleisch ausreichend enthalten. Zumindest habe ich bisher noch keinen Hund gesehen, der einen Salz- oder Pfefferstreuer neben seinem Futternapf stehen hat.

Nehmen wir ein einfaches Beispiel:
Wir würden uns eine Spaghetti Bolognese ohne Gewürze und jegliche Zusatzstoffe zubereiten. Dies wäre für uns zwar zweifelsfrei essbar, aber schmecken würde es sicher nicht, da wir es uns angewöhnt haben, unsere Speisen durch Würzen schmackhafter zu machen. Für unsere Hunde gilt das natürlich genauso, wenn wir über Dosen- oder Trockenfutter sprechen. Viele Futtersorten würden unsere Hunde nicht anrühren, wenn sie ohne Zugabe von Geschmacksverstärkern wie Fett, Zucker oder Salz hergestellt würden. Für sie wäre das Futter dann oft nur bitter oder sauer.

Heute werden nicht mehr offensichtlich Geschmacksverstärker hinzugefügt. Die Futtermittelindustrie setzt nun vermehrt auf die Zugabe von Kartoffeln, Reis oder Mais, welche die Eigenschaft besitzen, den bitteren und sauren Geschmack zu neutralisieren und zudem noch billige und sättigende Lebensmittel sind. Um dem Futter noch einen wohlriechenden Geruch zu verleihen und die letzten Bitterstoffe sowie Säuren zu beseitigen, werden Geschmacksstoffe hinzugefügt, die zwar „natürlicher" Basis sind, aber sehr viel Zucker und Salz enthalten, wie beispielsweise Zuckerrübenschnitzel, Malzmelasse, Ahornsirup, Aprikosen uvm.

Aber warum? Denn eigentlich ist doch genug Salz und Zucker im Fleisch enthalten. Warum sollten noch zusätzlich Salz oder zuckerartige Mittel hinzugefügt werden? Hierfür sollten wir uns die Deklaration einer Dose oder eines Sackes Trockenfutter genauer anschauen, um zu verstehen, was alles in dem Futter steckt.

Denn ohne die Zugabe gewisser Stoffe würden unsere Hunde das Futter nicht einmal anrühren, da unsere Fellnasen wie auch wir Menschen gewisse Geschmacksrichtungen schmecken können. Auch wenn sie evtl. nicht so gut schmecken können wie wir Menschen, heißt dieses aber noch lange nicht, dass sie geschmacksneutral sind. So werden zuckerhaltige und salzige Lebensmittel gerne angenommen, wiederum lassen die Geschmacksrichtung sauer und bitter den Hund abneigend auf etwas Essbares reagieren.

BARFen

Grundlagen des BARFens

BARF orientiert sich an den natürlichen Ernährungsgewohnheiten wild lebender Tiere. Der Organismus unseres Haushundes unterscheidet sich evolutionsbedingt kaum von dem seiner Vorfahren, somit ist auch der Nahrungsbedarf dem ähnlich.

Grundlage des BARFens ist eine ausgewogene, naturnahe Ernährung. Es werden rohes Fleisch, fleischige Knochen, Knorpel, fleischlose Knochen, Innereien, Haut, Fell, etc., verfüttert. Hinzu kommen als Nahrungsergänzung: Gemüse, Obst, Öle, Kräuter uvm., die natürliche Vitamine und Mineralstoffe enthalten.

Rohes Fleisch
ist der wesentliche Bestandteil der BARF-Ernährung. Es ist ein guter Proteinlieferant, reich an Vitaminen und Mineralstoffen. Fleisch sollte immer mit einem entsprechenden Fettanteil verfüttert werden. Fett ist bei der Rohernährung der größte Energielieferant.

Innereien
sind wertvolle Nährstofflieferanten, ebenso Hauptquelle von vielen Vitaminen. Hinzu kommen Spurenelemente und Mineralstoffe sowie essentielle Aminosäuren.

Fisch
liefert hochwertiges und besonders leicht verdauliches Eiweiß, eine Vielzahl an Vitaminen und Mineralstoffen und ist besonders reich an Omega-3-Fettsäuren. Daher ist er ebenfalls als Hundefutter geeignet. Allerdings sind die meisten Fische sehr fetthaltig und sollten daher nicht zu oft gefüttert werden.

Fleischige Knochen / fleischlose Knochen / Knorpel
sind sehr wichtig bei der Rohfütterung. Sie enthalten lebenswichtige Stoffe wie Mineralien und Enzyme, sowie Calcium für die Zähne und für ein gesundes Knochengerüst. Die Fettanteile an fleischigen Knochen, sowie das Knochenmark sind zudem ein optimaler Energielieferant. Knorpel unterstützt die Bildung der Gelenkschmiere.

Gemüse
enthält für den Hund lebenswichtige Vitamine, Mineralstoffe, Enzyme und zum Teil sekundäre Pflanzenstoffe. Der pflanzliche Anteil wird durch die Faserstoffe, zur Darmpflege bzw. -reinigung benötigt.

Obst
ist fett- und eiweißarm, aber reich an Vitaminen, Mineralstoffen, Fruchtsäuren und Ballaststoffen. Es wirkt sich positiv auf die Gesundheit des Hundes aus.

Kräuter

besitzen ebenso einen wichtigen Stellenwert in der Hundeernährung. Wildtiere bedienen sich im "Garten der Natur" und so gehören auch die Kräuter, als Nahrungsergänzung auf den Speiseplan unserer Hunde.

Öle

als Ergänzung der Hundeernährung, enthalten essentielle Omega-3- und Omega-6-Fettsäuren, die der Hundeorganismus nicht selbst bilden kann. Sie müssen daher über die Nahrung aufgenommen werden. Fleisch mit Fett liefert dem Hund zwar genügend Omega-6-, aber oft zu wenig Omega-3-Fettsäuren. Daher sollte man kaltgepresste Öle mit einem hohen Omega-3-Fettsäurengehalt zugeben. Öl kann wohldosiert Nährstoffmangel einzelner Mahlzeiten ausgleichen.

Milchprodukte

liefern wertvolles Eiweiß und sind reich an Vitamin A, D, sowie Calcium. Die Milchsäurebakterien sorgen für eine gesunde Darmflora. Körniger Frischkäse z.B. ist durch seinen geringen Fettgehalt eine gut verträgliche Beilage. Speisequark dagegen ist sehr fettreich (je nach Fettgehalt), wird aber von den meisten Hunden gern gefressen und gut vertragen.

Honig

ist ein wertvoller Bestandteil der BARF-Ernährung. Er gilt nicht nur als Süßungsmittel und zum Verfeinern von Mahlzeiten, er ist seit jeher auch als Heilmittel bekannt. Honig enthält Vitamine, Mineralstoffe, Enzyme und liefert somit wertvolle Energie. Er hat entzündungshemmende Eigenschaften und stärkt zudem das Immunsystem.

Ganze Eier

sind hochverdauliche und gute Eiweißlieferanten. Ihre Schalen sind reich an Calcium. Klein gemahlene Eierschalen sind eine gute Alternative für Hunde, die keine Knochen fressen oder sie nicht vertragen.

Nüsse / Samen / Flocken

sind in der Ernährung des Hundes eine gute Ergänzung und Zufuhr an Mineralstoffen und Vitaminen. Nüsse haben meist viel Fett und sind daher sehr kalorienreich. Nüsse und Samen müssen fein gemahlen, gehackt oder zerstoßen werden. So kann der Hundeorganismus die Inhaltsstoffe besser verwerten.

Getreide

ist kein Hauptbestandteil der natürlichen Hundeernährung. Es kann gefüttert werden - sofern es der Hund verträgt - muss aber nicht sein. Am häufigsten werden Allergien mit Getreide in Verbindung gebracht, vor allem mit Weizen (Glutenunverträglichkeit).

Grundregeln beim BARFen

Für BARF-Einsteiger hört sich erstmal alles kompliziert und aufwendig an. Aber wer sich mit der Thematik etwas intensiver befasst, wird schnell erkennen, dass BARF keine Religion ist, sondern einfach: "Naturnahe Ernährung".

Dennoch sind folgende Grundregeln zu beachten:
- Der Hund muss gesund sein!
- Die Ausgewogenheit der Ernährung muss gegeben sein!
- Die Berechnung der Futtermenge bezieht sich immer auf das aktuelle Gewicht des Hundes!
- Bei der Umstellung auf BARF nicht das "alte" Futter mit rohem Fleisch mischen!
- Frische Produkte verwenden!
- Keine verschimmelten Lebensmittel füttern!
- Keine gekochten Knochen verfüttern!
- Rohes Fleisch und rohen Fisch nicht in einer Mahlzeit füttern!
- Hygienevorschriften beachten!
- Es dürfen keine lebenden Tiere verfüttert werden!

➢ **Der gesunde Hund**

Gesund im Sinne der BARF-Ernährung beutet im Allgemeinen, dass der Hund
- keine organischen Leiden,
- keine chronischen Erkrankungen,
- keine Allergien gegen Futterinhaltsstoffe,
- sowie einen intakten Kauapparat hat.

Ist einer der erwähnten Punkte nicht gegeben, sollte vor der Umstellung auf BARF, erst mit einem Ernährungsberater für Hunde oder dem Tierarzt gesprochen werden.

– Neo, mein treuer Wegbegleiter –

18

Vorteile des BARFens

Artgerechte Ernährung
Ein wesentlicher Vorteil bei der BARF-Fütterung liegt in der Eigenverantwortung des Hundehalters für das Wohlergehen seines Hundes zu sorgen. Er selbst entscheidet über die Zusammensetzung des Futters und somit, was in den Napf kommt: Frische Nahrungsmittel, ohne chemische Zusätze, auf der Basis einer artgerechten Ernährung.

Stärkung des Immunsystems
Vitamine, Mineralstoffe und essentielle Amino- und Fettsäuren, die in rohem Fleisch, frischem Obst und Gemüse, Ölen und Kräutern enthalten sind, stärken das Immunsystem.

Bessere Muskulatur, starke Bänder und Sehnen
Das gestärkte Immunsystem wiederum bewirkt, dass der Hund widerstandsfähiger und agiler wird. Seine Muskulatur, Sehnen, Bänder und Gelenke werden nachhaltiger mit Nährstoffen versorgt und kräftigen sich dadurch.

Reduziert die Gefahr einer Magendrehung
Fleisch wird durch die Magensäure und Magensäfte schneller vorverdaut und verweilt nicht mehr so lange im Magen. Die Gefahr einer Magendrehung wird somit deutlich reduziert. Trockenfutter dagegen benötigt eine erheblich längere Verdauungszeit als rohe Kost. Durch die Aufnahme von Wasser vergrößert sich das Volumen der Kroketten im Hundemagen, meist über das Doppelte. Diese Menge quillt über Stunden weiter, bevor sie in den Darm weitertransportiert wird.

Leichteres Ausschließen von Unverträglichkeiten
BARF eignet sich besonders gut als Ausschlussdiät bei Unverträglichkeiten, sowie bei allergisch reagierenden Hunden auf diverse Futterbestandteile. Durch das BARFen ist es schneller möglich herauszufiltern, auf was der Hundeorganismus reagiert.

Gesunde Haut, schönes, glänzendes Fell
Eine ausgewogene BARF-Ernährung versorgt den Hund mit allen wichtigen Nährstoffen, essentielle Amino- und Fettsäuren, was sich positiv auf Fell und Haut auswirkt.

Weniger Zahnstein
Das Abnagen von rohen Fleischknochen pflegt die Zähne auf natürliche Weise und stärkt die Kaumuskulatur.

Kein übler Hundegeruch
Die Umstellung auf BARF ist mit einer Entgiftungsreaktion des Hundeorganismus verbunden, dadurch lässt der intensive Mund- und Fellgeruch nach oder kann auch ganz verschwinden.

Kleinere Kotmengen

Da keine sattmachenden und schlecht zu verwertenden Füllstoffe dem Futter zugesetzt sind, wird die Nahrung effektiver verstoffwechselt. Dies bedingt, dass der Hund eine wesentlich kleinere Kotmenge absetzt. Ebenso riecht der Kot im Allgemeinen nicht mehr so streng.

Mehr Lust und Freude am Fressen

Bei abwechslungsreicher Ernährung zeigt der Hund sichtlich mehr Begeisterung und Freude am Fressen.

Hunde trinken weniger Wasser

Rohes Fleisch, besonders frisches Obst und Gemüse enthalten viel Wasser. Hunde die gebarft werden, nehmen einen Teil ihres Flüssigkeitsbedarfs über die Nahrung auf. Oftmals trinken sie daher weniger Wasser.

Welpen können demzufolge schneller stubenrein werden!

– Beagle Chelsea nagt genüsslich an einer Kalbsschulter –

20

Basisgesundheit Mensch / Hund

Wir Menschen können über den Tag verteilt Nahrungsmittel und Getränke zu uns nehmen, die lebenswichtige Nähr-, Mineralstoffe, Vitamine etc. enthalten. Dabei sollten wir natürlich darauf achten, dass wir uns ausgewogen ernähren. Eine auf Dauer einseitige Ernährung kann unter Umständen zu Mangelerscheinungen und daraus resultierende Erkrankungen / Krankheiten führen. Aber nicht nur die Ernährung trägt zu unserer Gesundheit bei, sondern viele weitere Faktoren des alltäglichen Lebens. Der eigenen Ernährungseinstellung vorausgehend, spielen das physische und psychische Wohlbefinden, sowie die vererbten Gene eine wichtige Rolle, wie es um die eigene Gesundheit bestellt ist.

Es liegt in unserer Hand zu entscheiden, was wir ändern müssen, um uns wieder wohler zu fühlen und gesünder zu ernähren. Oftmals kann eine Ernährungsumstellung schon vieles bewegen. Doch meist ist es der „innere Schweinehund" und die Gewohnheit, dass uns eine Veränderung schwerfällt. Durch unseren strukturierten Tagesablauf: Frühstück, Mittag- und Abendessen versorgen wir uns immer mit genügend Nährstoffen, um den ganzen Tag leistungsfähig und konzentriert arbeiten zu können. Zwischen den Mahlzeiten schnabulieren wir noch einen Joghurt, etwas Obst oder einen Schokoriegel. So halten wir unseren Organismus fit und haben selten einen Nahrungsmangel.

Anders als wir Menschen kann sich der bei uns lebende Hund nicht selbst versorgen, sondern ist auf unsere Futterzusammenstellung angewiesen. Im Bewusstsein darüber, sich um das Wohlbefinden unseres Hundes, also um die physische und psychische Stabilität sorgen zu müssen, sollten wir uns genauso verantwortungsvoll um seine Ernährung kümmern.

Da leider weder bei uns Menschen noch bei unseren Tieren die vererbten Gene selten beeinflusst werden können, sollten wir unseren Hunden eine ausgewogene und abwechslungsreiche Ernährung gewährleisten, um die Basis ihrer Gesundheit zu schaffen. Somit können unsere Fellnasen, in Situationen, die sie zuvor erlernt und von uns gezeigt bekommen haben, konzentriert und leistungsfähig das Erlernte umsetzen, sei es in der Hundeschule, beim Training in der Stadt oder beim Besuch der Schwiegermutter.

Basis einer ausgewogenen Hunde-Ernährung

Eine ausgewogene Ernährung beinhaltet die Aufnahme von Nährstoffen: Proteine, Fette, Kohlenhydrate, Ballaststoffe, Vitamine, Mineralstoffe und Spurenelemente. Diese Nährstoffe erfüllen im Hundeorganismus lebenswichtige Aufgaben: Sie dienen zur Erhaltung der Körperfunktionen und Leistungsfähigkeit. Dementsprechend sollten sie dem Körper auf natürliche Weise, d.h. durch frische Nahrungsmittel, zugeführt werden. (Siehe "Nahrungsmittel" Seite 38)

Ein länger anhaltender Mangel an Nährstoffen kann das Entstehen von Krankheiten begünstigen. Ebenso kann eine Überdosierung den Stoffwechsel beeinflussen und sich somit negativ auf die Gesundheit auswirken. Daher sollte immer auf die Ausgewogenheit der Nährstoffe geachtet werden.

Proteine
sind wichtig für den Aufbau und die Erneuerung von Zellen und Gewebe, sowie bei der Muskelkontraktion. Sie transportieren im Blutplasma u.a. Eisen, Vitamine und Cholesterin. Antikörper z.B. sind Proteine, die als zentraler Bestandteile des Immunsystems eine Schutz- und Abwehrfunktion vor Infektionen bilden.
Enthalten in: Fleisch, Innereien, Fisch, Ei, Milchprodukten

Fette
sind die größten Energielieferanten. Sie sorgen dafür, dass der Organismus die lebenswichtigen fettlöslichen Vitamine A, D, E und K, aufspalten und aufnehmen kann. Diese essentiellen Fettsäuren kann der Organismus des Hundes selbst nicht bilden und muss sie daher über die Nahrung aufnehmen. Sie sind wichtig für den Aufbau der Zellwände und bei verschiedenen Stoffwechselvorgängen.
Enthalten in: Fleisch, Fisch, tierischen und pflanzlichen Ölen

Kohlenhydrate
bestehen aus Zuckermolekülen. Sie halten den Körper leistungsfähig und sorgen für einen ausgeglichenen Wasser- und Elektrolythaushalt. Kohlenhydrate sind als Energielieferanten schneller verfügbar als Fette.
Ein Zuviel an Kohlehydraten wird als Glykogen erstmal in Leber und Muskulatur gespeichert, um bei Bedarf sehr schnell Energie bereitzustellen. Bei einem dauerhaften Überangebot, wandelt der Organismus die Kohlenhydrate jedoch in Fett um und speichert sie in Fettdepots.
Enthalten in: Getreide, Getreideprodukten, Kartoffeln, Gemüse und Obst

Ballaststoffe
sind nicht verdaute Kohlehydrate, z.B. Zellulose, zelluloseartige Stoffe, Pektinverbindungen. Diese Fasern sorgen für eine gesunde Darmflora.
Enthalten in: Knochen, Gemüse, Obst und Getreide

Vitamine
sind ebenso für die Gesundheit des Hundes und Funktionsfähigkeit des Organismus von Bedeutung. Sie regulieren verschiedene Stoffwechselprozesse, stärken das Immunsystem und sind unverzichtbar beim Aufbau von Zellen, Blutkörperchen, Knochen und Zähnen.
Enthalten in: Fleisch, Fisch, Gemüse und Obst

Mineralstoffe / Spurenelemente
liefern keine Energie, sind aber für die Gesundheit des Hundes und Funktionsfähigkeit des Organismus von Bedeutung. Sie erfüllen wichtige Aufgaben im Nerven- und Muskelstoffwechsel und sind am Aufbau von Knochen, Zähnen, Bindegewebe, Zellen, Enzymen und Hormonen beteiligt.
Enthalten in: Fleisch, Knochen, Gemüse und Obst

Enzyme
werden für alle chemischen Reaktionen, die im Körper stattfinden, benötigt. Sie helfen die Nahrung zu verdauen und die Nährstoffe aus Proteinen, Kohlenhydraten, Fetten und Pflanzenfasern aufzunehmen.
Enthalten in: Fleisch, Innereien, Gemüse und Obst

Wasser „Ohne Wasser kein Leben!"
Wasser ist die Grundlage des Blutes und für die Aufrechterhaltung des Organismus und des Stoffwechsels unentbehrlich. Waser stellt die optimale Funktion der Organe sicher. Sie dient als Transport- und Lösungsmittel für Nährstoffe und zum Ausscheiden von Schadstoffen über die Nieren, sowie zur Regulierung der Körpertemperatur.

– Dayo, Neo's bester Kumpel –

23

Wie gestalte ich eine ausgewogene Ernährung?

Die optimale Zusammensetzung und somit Ausgewogenheit der Nahrung ist das Fundament für die Gesundheit unserer Tiere. Nicht jedes Fleisch enthält die gleichen Inhaltstoffe. Daher sollten die Mahlzeiten möglichst abwechslungsreich sein, d.h. verschiedene Fleischsorten (Rind, Geflügel, Fisch, Wild, Pferd, Lamm), im Wechsel mit Innereien (z.B. Herz, Leber) und einem vielfältigen Angebot an Gemüse und Obst, dazu ein hochwertiges Öl (z.B. Walnussöl). Somit wäre eine ausgewogene Ernährung, ohne weitere Zusätze optimal gegeben.

Auf dem Futterplan sollten mindestens 3 verschiedene **Fleisch**sorten stehen, z.B. Rind, Lamm und Geflügel. Hierbei ist zu beachten, dass das Fleisch einen entsprechenden Fettanteil haben muss. Fett ist der wesentliche Energielieferant bei der Rohernährung.

Bei einem begrenzten Fleischangebot (nur 2 Fleischsorten) sollten jedoch entsprechende Nahrungsergänzungsmittel (siehe Seite 127) zur optimalen Ergänzung der Tagesration, zum Futter gegeben werden.

Zusammensetzung einer ausgewogenen Wochenration:

Produkt	Fütterungsempfehlung
Fleisch / Muskelfleisch	täglich
Fleischige Knochen / Knorpel / Knochen	2-3 x wöchentlich
Innereien (kann, muss nicht)	1 x wöchentlich
Fisch	1 x wöchentlich
Gemüse und Salate	4 x wöchentlich
Obst	3 x wöchentlich
Kräuter	1-2 x wöchentlich
Öle	4-5 x wöchentlich – 1 TL
Milchprodukte	1-2 x wöchentlich
Honig	1-2 x wöchentlich – 1 TL zu Milchprodukt / Obst
Eier	1 x wöchentlich – 1 ganzes Ei
Nüsse	1-2 x wöchentlich
Getreide (kann, muss nicht)	1 x wöchentlich

Alle Fütterungsangaben und Empfehlungen beziehen sich auf einen
gesunden, normal aktiven Hund.

24

Umstellung auf BARF

Hunde, die bisher nur Fertigfutter gewohnt waren, verhalten sich oft erst einmal skeptisch gegenüber rohem Fleisch. Fertigfutter riecht intensiv durch die zugesetzten Lockstoffe. Frisches Fleisch dagegen riecht kaum. Durch die Zugabe z.B. von etwas Öl, Gemüsebrühe oder Honig kann das Rohfutter schmackhafter zubereitet werden und riecht dadurch auch appetitanregender.

Bei futtermäkeligen Hunden kann ein Teil der Fleischration kurz angebraten und mit dem Bratensaft unter das restliche rohe Fleisch gemischt werden. Die beim Anbraten entstehenden Röstaromen animieren den Hund eher zum Fressen.

> Das "alte", bisherige Futter sollte <u>nicht</u> mit Rohfleisch gemischt werden. Beide Futterarten brauchen unterschiedlich lange um verdaut zu werden. Es kann zu Blähungen und/oder Verstopfung führen und würde damit den Organismus unnötig belasten.

➤ Begleiterscheinungen bei der Umstellung

Hat ein Hund jahrelang industriell gefertigtes Futter bekommen, hat sich sein Magen an diese "einseitige" Nahrung gewöhnt und ist "träge" geworden. Bei der Umstellung auf BARF, also von Trockenfutter / Fertigfutter auf natürliche Nahrung, kommt es zu einer so genannten "Entgiftung". Dabei werden die sich im Körper eingelagerten Giftstoffe, wie Farb-, Konservierungs- und Geschmacksstoffe ausgeschieden. Bei den meisten Hunden geht dies mühelos vonstatten, andere zeigen Symptome wie Erbrechen, Durchfall, Juckreiz usw. Es kann ebenso vorkommen, dass der Kot mit Schleim überzogen ist. Dies ist jedoch eine normale Begleiterscheinung der "Entgiftung" - die Darmschleimhaut regeneriert und erneuert sich.

Bei Durchfall muss allerdings unterschieden werden, ob dieser stark wässrig oder lediglich nur weich ist. Ist der Kot weich, aber geformt, wird er sich mit der Zeit normalisieren, sobald sich die Verdauung an die „neue" Nahrung gewöhnt hat. Bei stark wässrigem oder länger anhaltendem Durchfall ist zu empfehlen einen Tierarzt aufzusuchen, da dies eine andere Ursache haben könnte, als die Nahrungsumstellung.

Bei Hunden, die es nicht gewöhnt sind Knochen zu fressen, können mitunter Verdauungsprobleme auftreten. Ihr Magen ist auf das Verdauen der Knochen nicht eingestellt. Die Magensäfte reichen nicht aus, um den Kalk zu zersetzen. Teilweise ist dann der Kot weiß verfärbt, trocken und hart. Man nennt dies „Knochenkot". Plötzlich akute oder auch chronische Verstopfungen können die Folge sein.

BARF – Einstieg und Umstellung

Um dem Hund, gleich welchen Alters, den Einstieg auf BARF zu erleichtern, ist es empfehlenswert, die ersten 3 Tage mit leichter Kost zu beginnen, damit sich der Verdauungstrakt langsam an "neue" Nahrung gewöhnen kann.

Danach sollte während der ersten 6 Wochen, wöchentlich nur 1 Sorte *gewolftes* Rohfleisch gefüttert werden. Gewolftes Fleisch ist leichter verdaulich. Gemüse und andere Zusätze können besser untergemischt werden. Nach dieser Zeit kann auf kleines Stückfleisch umgestiegen werden.

Fleisch immer bei Zimmertemperatur füttern, nie direkt aus dem Kühlschrank. Erwärmte wie auch gekochte Produkte nur abgekühlt verfüttern!

Während der Umstellungsphase sollte jede Gemüse- und Obstsorte über 2 Tage gefüttert werden, um die Verträglichkeit im Allgemeinen und die verträgliche Menge zu testen.

Als Knorpelteile eignen sich zum Einstieg z.B. Hühnerhälse. Die von Fleisch umhüllten Wirbelknochen splittern nicht, sind leicht zu zerbeißen und gut verdaulich.

Während der gesamten Umstellungsphase sollte auf die Zugabe von Getreide verzichtet werden! Getreide ist schwer verdaulich. Es kann dadurch zu Verdauungsproblemen führen.

Ab der 7. Woche hat sich der Verdauungstrakt an die neue Fütterungsweise gewöhnt. Der Speiseplan kann nun mit allem was für den Hund verträglich und sinnvoll ist, erweitert werden.

Welpe & Junghund
Auch wenn der Züchter seine Welpen mit Fertigfutter (Trocken- / Dosenfutter) aufgezogen hat, kann schon am Tag der Abholung mit der Umstellung begonnen werden. Dies sollte jedoch behutsam geschehen. Es wird empfohlen die Tages-Futtermenge auf 3-4 Mahlzeiten zu verteilen. Die Berechnung der Tages-Futtermenge richtet sich immer nach dem aktuellen Körpergewicht des Hundes.

Beim Welpen ist es wichtig, das Gemüse zu pürieren. Die zellulosehaltigen Pflanzenzellwände sind für den Hundemagen schwer verdaulich. Durch Pürieren wird die Zellwandstruktur des Gemüses zerstört und der Hund kann die Inhaltsstoffe besser verwerten.

Welpe und Junghund im Zahnwechsel (ca. 4. bis 7. Monat) benötigen mehr Calcium und Magnesium für die Zahnentwicklung und Skelettbildung. Dies kann durch *Milchprodukte* (Hüttenkäse, Quark, Joghurt, Fruchtzwerge ...), *fleischige Knochen* (Lammrippen, Ochsenschwanz, Hühnerflügel ...), *Gemüse* (Fenchel, Kohlrabi ...), *Obst* (Birnen, Bananen, Erdbeeren, Himbeeren ...), *Nüsse* (Walnüsse ...) und *Eierschalen* zugeführt werden.

Erwachsener Hund & Senior

Auch bei einem erwachsenen Hund oder Senior ist es immer noch möglich ihn an BARF zu gewöhnen. Je nachdem wie lang der Hund schon Trockenfutter bekommen hat, desto mühevoller wird jedoch die Umstellung für seinen Körper. Daher sollte die Umstellung auf Rohfutter individuell dem Hund angepasst werden. Wie beim Welpen/Junghund wird mit leichter Kost begonnen. Das Gemüse muss nicht püriert werden - geraspelt oder kleingeschnitten reicht, mit etwas Öl angereichert, zum besseren Aufschließen der Inhaltsstoffe.

Die Tages-Futtermenge sollte je nach Tagesrhythmus auf 2-3 Mahlzeiten verteilt werden.

Bei einem gesunden Hund geht die Umstellung in der Regel problemlos vonstatten. Bei einem chronisch kranken oder allergisch reagierenden Hund, sollte dies erst mit einem Ernährungsberater für Hunde oder dem Tierarzt abgeklärt werden.

Die Umstellung auf BARF darf **nicht** unmittelbar vor einer Impfung geschehen. Nur ein gesunder Hund kann geimpft werden. Bei der Umstellung können Begleiterscheinungen wie z.B. Erbrechen oder Durchfall auftreten.
Eine zusätzliche Impfung wäre dann eine zu große Belastung für seinen Organismus. Es ist daher ratsam eine Zeitspanne von 8 Wochen vor oder nach einer Impfung einzuhalten, um mit der Umstellung zu beginnen.

Fütterungsempfehlung während der Umstellungsphase für Hunde jeden Alters:
(Berechnung der Tages-Futtermenge siehe nächste Seite)

1. + 2. Tag:	Kartoffelpüree frisch oder aus der Packung mit warmem Wasser angerührt + gekochtes, klein geschnittenes helles Fleisch (Pute oder Huhn) + Hüttenkäse
3. Tag:	Unter den warmen Kartoffelpüree z.B. rohes gewolftes Puten-/ Hühnerfleisch mischen + etwas Kokosraspeln darüber + z.B. Walnussöl oder rohes Rinderhack / Tatar + Eigelb (kein Öl!)
Ab 4. Tag:	kann direkt rohes gewolftes Fleisch, Gemüse und Obst gefüttert werden, dazu z.B. Kokosraspeln und / oder etwas Öl
Ab 3. Woche:	können zusätzlich Knorpelteile angeboten werden
Ab 7. Woche:	sollte das Fleisch in kleinen Stücken gefüttert werden Nun können bedenkenlos auch Knochen auf dem Speiseplan stehen

Berechnungsbeispiel der ersten Tages-Futtermenge für einen Welpen

mittelgroßer Rasse mit **5 kg** Körpergewicht und einen Futterbedarf von **6 %** seines aktuellen Körpergewichtes:

100 % = 5000 g (**5**000 x **6** : 100)
  6 % = **300 g** Tages-Futtermenge

6 % des Körpergewichtes (5 kg) = **300 g** Tages-Futtermenge
diese besteht z.B. aus: 240 g Kartoffelpüree
                                  45 g gewolftes Fleisch
                                  15 g Milchprodukte, Gemüse,   } auf 2-3
                                     Obst   Mahlzeiten
                                                                   verteilt

Prozentuale Zusammensetzung der Tages-Futtermenge während der Umstellungsphase mit
Beispielen für Alter / aktuell. Körpergewicht

Tages-Futtermenge 100 %	Welpe 5 kg	Junghund 13 kg	Erw. Hund 35 kg	Senior 40 kg
	6 %	4 %	2 %	1 % / 2 %
	300 g	520 g	700 g	400 g / 800 g
80 % Kartoffelpüree	240 g	415 g	560 g	320 g / 640 g
15 % Fleisch	45 g	80 g	105 g	60 g / 120 g
5 % Hüttenkäse	15 g	25 g	35 g	20 g / 40 g

Anmerkung: Kartoffelpüree und Gemüse sind sehr wasserhaltig. Es kann vorkommen, dass die Hunde mehr Urin absetzen müssen.

– Rinderherz-Mahlzeit für Welpen mit 7 Wochen –

28

Futtermengen-Berechnung

Als Faustregel für die Berechnung der Tages-Futtermenge gilt:

Welpen (2 bis 6 Monate)	6 % - 8 %
Junghunde (ab 7 Monate bis 1 Jahr)	2 % - 4 %
Erwachsene Hunde (ab 1 Jahr)	2 % - 3 %
Erwachsene aktive Hunde	2 % - 4 %
Senioren (ab 8 Jahre)	1 % - 2 %

immer ausgehend vom aktuellen Körpergewicht des Hundes

Zusammensetzung Tages-Futtermenge (100 %)
mit fleischigen Knochen

70 % Fleisch
15 % fleischige Knochen, Knorpelteile
10 % Gemüse, Obst
 5 % Milchprodukte

ohne Knochen

85 % Fleisch und/oder gewolfter Knorpel
10 % Gemüse, Obst
 5 % Ei, Eierschale, Milchprodukte + Nahrungsergänzungsmittel

Diese Angaben sind jedoch nur Richtwerte, die von Rasse, Aktivität, Temperament, Gesundheit und Alter des Hundes abhängig sind. Ebenso sind die Jahreszeiten (Sommer / Winter) zu berücksichtigen. Bei körperlicher Aktivität z.B. im Winter ist der Nährstoffbedarf des Hundes höher als im Sommer, da seine Fettreserven schneller verbrannt werden.

Die optische Beurteilung des Hundes, sowie das Abtasten geben den Ernährungszustand wider. Die Rippen sollten mit leichtem Händedruck ertastbar sein, aber nicht sichtbar. Beim erwachsenen Hund sollte bei der Draufsicht von oben eine Taille gut erkennbar und der Bauchbereich in Seitenansicht nach hinten leicht angehoben sein. Dementsprechend sollte die Futtermenge individuell angepasst, d.h. erhöht oder reduziert werden (+/-). Welpen dürfen noch etwas mollig sein.

Die Tages-Futtermenge für einen **Welpen** ab der 8. Woche beträgt je nach Aktivität zwischen 6 % bis 8 % seines aktuellen Körpergewichtes. Bedingt durch seine Entwicklungsphase zählt der Hund mit Abschluss der 16. Woche zwar zu den Junghunden, jedoch ist sein Nahrungsbedarf bis zum 6. Lebensmonat einem Welpen gleichzusetzten.

Vom 7. Lebensmonat bis etwa zum 1. Lebensjahr wird der Hund als **Junghund** bezeichnet. Sein Nahrungsbedarf ist nicht mehr ganz so hoch, wie in seiner wichtigsten Wachstumsphase. Das Futter wird jetzt besser verstoffwechselt. Die Tages-Futtermenge wird nun auf 2 % bis 4 % des aktuellen Körpergewichtes reduziert.

Ab dem 1. Lebensjahr, mit Eintritt ins **Erwachsenenalter**, reduziert sich die Futtermenge nochmals, auf 2 % bis 3 % je nach Aktivität.

Ein **älterer Hund / Senior** hat einen geringeren Energiebedarf. Er bewegt sich weniger, die Muskelmasse nimmt ab, die Fettmasse nimmt zu. Daher muss weniger Protein und Fett gefüttert werden. Die Tages-Futtermenge sollte sich nun bei ca. 1 % bis 2 % einpendeln. Ist diese nicht der Fall, muss das Futter entsprechend reduziert oder erhöht werden.

Beim Verfüttern von Knorpelteilen sowie später auch von Knochen, sollte der Hund nicht unbeaufsichtigt sein. Es besteht immer die Gefahr, dass er das Reststück im Ganzen schluckt, was Verstopfung und im schlimmsten Fall Ersticken zur Folge haben kann.

– Gewichtskontrolle –

30

➢ Berechnung der Tages-Futtermenge (100 %)

Welpe: 6 % des aktuellen Körpergewichtes

Gewicht (kg)		5 kg	6 kg	7 kg	8 kg	9 kg	10 kg
Tagesfuttermenge (g)	100 %	300	360	420	480	540	600
Fleisch	75 %	225	275	320	360	405	450
Knorpelteile	10 %	30	35	40	50	55	60
Gemüse / Obst	10 %	30	35	40	50	55	60
Zusätze	5 %	15	15	20	20	25	30

Junghund: 4 % des aktuellen Körpergewichtes

Gewicht (kg)		5 kg	10 kg	17 kg	20 kg	25 kg	38 kg
Tagesfuttermenge (g)	100 %	200	400	680	80	1000	1520
Fleisch	70 %	140	280	480	560	700	1070
fleischige Knochen	15 %	30	60	100	120	150	230
Gemüse / Obst	10 %	20	40	70	80	100	150
Zusätze	5 %	10	20	30	40	50	70

- ohne Knochen

Fleisch	85 %	170	340	580	680	850	1300
Gemüse / Obst	10 %	20	40	70	80	100	150
Zusätze	5 %	10	20	30	40	50	70

Erwachsener Hund - normal aktiv: **3 %** des akt. Körpergewichtes

Gewicht (kg)		5 kg	10 kg	17 kg	38 kg	50 kg	65 kg
Tagesfuttermenge (g)	100 %	150	300	510	1140	1500	1950
Fleisch	70 %	105	210	360	800	1050	1360
Knochen	15 %	25	45	75	170	225	290
Gemüse / Obst	10 %	15	30	50	110	150	200
Zusätze	5 %	5	15	25	60	75	100

- ohne Knochen

Fleisch	85 %	130	255	435	970	1275	1650
Gemüse / Obst	10 %	15	30	50	110	150	200
Zusätze	5 %	5	15	25	60	75	100

Erwachsener Hund - sportlich aktiv: **4 %** des akt. Körpergewichtes

Gewicht (kg)		5 kg	10 kg	17 kg	38 kg	50 kg	65 kg
Tagesfuttermenge (g)	**100 %**	**200**	**400**	**680**	**1520**	**2000**	**2600**
Fleisch	**70 %**	140	280	480	1070	1400	1820
Knochen	**15 %**	30	60	100	230	300	390
Gemüse / Obst	**10 %**	20	40	70	150	200	260
Zusätze	**5 %**	10	20	30	70	100	130

- ohne Knochen

Fleisch	**85 %**	170	340	580	1300	1700	2210
Gemüse / Obst	**10 %**	20	40	70	150	200	260
Zusätze	**5 %**	10	20	30	70	100	130

Älterer Hund / Senior: 2 % des akt. Körpergewichtes

Gewicht (kg)		5 kg	10 kg	17 kg	38 kg	50 kg	65 kg
Tagesfuttermenge (g)	**100 %**	**100**	**200**	**340**	**760**	**1000**	**1300**
Fleisch	**70 %**	70	140	240	540	700	750
Knochen	**15 %**	15	30	50	110	150	200
Gemüse / Obst	**10 %**	10	20	35	80	100	130
Zusätze	**5 %**	5	10	15	30	50	60

- ohne Knochen

Fleisch	**85 %**	85	170	290	650	850	1110
Gemüse / Obst	**10 %**	10	20	35	80	100	130
Zusätze	**5 %**	5	10	15	30	50	60

Als Zusätze können z.B. Öl, Milchprodukte, Honig, Kräuter, Ei, Nüsse, Nudeln, Reis, Kokosraspeln uvm. zum Futter gegeben werden.

Rechenweg:
Älterer Hund / Senior mit **38 kg** mit einem Futterbedarf von **2 %** seines aktuellen Körpergewichtes:

100 % = 38000 g (**38**000 x **2** : 100)
   2 % =   <u>**760 g** Tages-Futtermenge</u>

Zusammensetzung der Tages-Futtermenge   = <u>**760 g**</u>
             70 % Fleisch   = 540 g
             15 % Knochen   = 110 g
             10 % Gemüse / Obst   = 80 g
             5 % Zusätze   = 30 g

Futterpläne für eine ausgewogene Ernährung!

Futterpläne werden je nach Rasse, Alter, Aktivität und Gesundheit individuell auf den Hund angepasst!

Siehe auch Abschnitt: "Rasse- und farbbedingte Fütterung" Seite 58.

– Beispiel einer ausgewogener Mahlzeit –
Rinderkotelett mit Knochen,
Karotte, Fenchel, Öl, Ei, Schnittlauch

Nachstehende Futterpläne sind Beispiele für eine ausgewogene Ernährung. Sie dienen als Information und zum Veranschaulichen, wie Wochen-Futterpläne zusammengestellt werden können, die alles enthalten, was der Hundeorganismus braucht. Es wurde vom Nährstoffbedarf eines gesunden, normal aktiven Hund ausgegangen.

Die Futterpläne können für Hunde jeden Alters angewendet werden, lediglich muss die prozentuelle Tages-Futtermenge dem Hund angepasst werden.

Die Morgenmahlzeiten können alternativ auch am Abend gefüttert werden, jedoch ohne Knochen.
Als Zwischenmahlzeit (**ZW**) sind ebenso getrocknete Fleischstreifen oder Kauknochen empfehlenswert.

Eine Mittagsmahlzeit ist kein „Muss". Viele Hunde kommen gut mit zwei Mahlzeiten aus. Bei der Verwendung von Gemüse-Mischung, Obst-Gemüse-Mischung und Obst-Gemüse-Kräuter-Mischung immer etwas Wasser dazu geben, damit die getrockneten Bestandteile etwas aufquellen können.

Beispiel eines ausgewogenen Futterplanes für Hunde jeden Alters

	Montag	Dienstag	Mittwoch	Donnerstag	Freitag	Samstag	Sonntag
Morgen	*Fleisch:* Rind + Rinderknochen/Knorpel	*Fleisch:* Lamm	*Fleisch:* Geflügel + Knorpel	*Fleisch:* Pferd	*Fleisch:* Kalb + Kalbsknochen/Knorpel	*Fleisch:* Fisch	*Fleisch:* Rind + Rinderleber
	Gemüse / Obst: Karotten (roh) Fenchel (roh)	*Gemüse / Obst:* Feldsalat	*Gemüse / Obst:* Broccoli Apfel	*Gemüse / Obst:* Rote Beete	*Gemüse / Obst:* Birne	*Gemüse / Obst:* Sellerie (gek.) Ingwer (roh)	*Gemüse / Obst:* Zucchini (roh)
	Zusatz: Schnittlauch 1 ganzes Ei	*Zusatz:* Honig Kürbiskerne Kürbiskernöl	*Zusatz:* Reis Basilikum	*Zusatz:* Nudeln	*Zusatz:* Hüttenkäse Walnussöl	*Zusatz:* Lachsöl Rosmarin	*Zusatz:* Naturjoghurt Mais (zerstoßen)
ZW	Zwieback	Speisequark Semmelbrösel	Broccoli-Püree	Speisequark Banane Honig	Kartoffel-Püree Gauda-Käse	Banane Salbei	Apfel Walnüsse
Abend	*Fleisch:* Rind	*Fleisch:* Lamm	*Fleisch:* Geflügel-Herzen	*Fleisch:* Pferd	*Fleisch:* Kalb	*Fleisch:* Fisch	*Fleisch:* Rind
	Gemüse / Obst: Spinat	*Gemüse / Obst:* Paprika, rot Feldsalat	*Gemüse / Obst:* Karotten (roh)	*Gemüse / Obst:* Zucchini	*Gemüse / Obst:* Kürbis	*Gemüse / Obst:* Karotten Fenchel	*Gemüse / Obst:* Rosenkohl
	Zusatz: Speisequark Petersilie	*Zusatz:* Basilikum	*Zusatz:* Reis Mandeln, süß (gehackt) Petersilie Rapsöl	*Zusatz:* Leinöl	*Zusatz:* Hüttenkäse Honig Eigelb Eierschale Kokosraspeln	*Zusatz:* Rosmarin	*Zusatz:* Parmesan Basilikum

Beispiel eines ausgewogenen Futterplanes mit einem fleischfreien Tag

	Montag	Dienstag	Mittwoch	Donnerstag	Freitag	Samstag	Sonntag
M o r g e n	*Fleisch:* Lamm	*Fleisch:* Rind + Rinderknochen/ Knorpel	*Fleisch:* Huhn	*Fleisch:* Rind + Innereien (z.B. Leber)	*Fleisch:* Lamm + Lammknochen/ Knorpel	*Fleisch:* Pute	*Fleisch:* -----
	Gemüse / Obst: Broccoli Fenchel	*Gemüse / Obst:* Kürbis Aprikose	*Gemüse / Obst:* Fenchel	*Gemüse / Obst:* Apfel	*Gemüse / Obst:* Pastinake Feldsalat	*Gemüse / Obst:* Kürbis Karotte	*Gemüse / Obst:* Kürbis Birne Banane
	Zusatz: Petersilie	*Zusatz:* Kürbiskernöl	*Zusatz:* Quinoa Walnüsse Dill	*Zusatz:* Amaranth	*Zusatz:* Sesamöl	*Zusatz:* Cashew-Kerne Basilikum	*Zusatz:* Reis
N W	Hüttenkäse Honig Fenchelkraut	Kiwi Erdbeere Zwieback-Brösel	Naturjoghurt Nashi-Birne Pinienkerne	Getrockneter Rinderkehlkopf	Speisequark Feta	Getrockneter Putenhals	Buttermilch Honig Kokosraspeln
A b e n d	*Fleisch:* Lamm	*Fleisch:* Rind	*Fleisch:* Huhn	*Fleisch:* Rind	*Fleisch:* Lamm	*Fleisch:* Pute	*Fleisch:* -----
	Gemüse / Obst: Broccoli Fenchel	*Gemüse / Obst:* Kürbis Aprikose	*Gemüse / Obst:* Fenchel	*Gemüse / Obst:* Apfel	*Gemüse / Obst:* Pastinake Feldsalat	*Gemüse / Obst:* Kürbis Karotte	*Gemüse / Obst:* Fenchel Kürbis
	Zusatz: Petersilie	*Zusatz:* Kürbiskernöl	*Zusatz:* Quinoa Walnüsse Dill	*Zusatz:* Amaranth	*Zusatz:* Sesamöl	*Zusatz:* Cashew-Kerne Basilikum	*Zusatz:* Reis Kürbiskernöl

35

Beispiel eines ausgewogenen Futterplanes mit Trockenmischung und Smoothies

	Montag	Dienstag	Mittwoch	Donnerstag	Freitag	Samstag	Sonntag
Morgen	*Fleisch:* Hirsch	*Fleisch:* Pute + Knorpel	*Fleisch:* Ziege	*Fleisch:* Hase + Innereien (z.B. Leber)	*Fleisch:* Rind + Rinderknochen/ Knorpel	*Fleisch:* Kalb	*Fleisch:* Fisch
	Gemüse / Obst: Gemüse-Mischung „1"	*Gemüse / Obst:* Gemüse-Mischung „2"	*Gemüse / Obst:* Obst-/ Gemüse-/ Kräuter-Mischung „1"	*Gemüse / Obst:* Gemüse-Mischung „2"	*Gemüse / Obst:* Obst- / Gemüse-Mischung „3"	*Gemüse / Obst:* Obst-/ Gemüse-/ Kräuter-Mischung „2"	*Gemüse / Obst:* Gemüse-Mischung „3"
	Zusatz: Walnüsse Walnussöl	*Zusatz:* Reibekäse	*Zusatz:* Honig	*Zusatz:* Eierschalenpulver	*Zusatz:* Kokosöl	*Zusatz:* Leinsamen	*Zusatz:* Lachsöl
ZW	Smoothie MaBiZi	Speisequark Obst-Mischung „1" Kokosraspeln	Smoothie AnaBaBiGo	Naturjoghurt Obst-Mischung „2"	Smoothie BiRoBa	Hüttenkäse Obst-Mischung „3"	Smoothie ZucKnoGuSell
Abend	*Fleisch:* Hirsch	*Fleisch:* Pute + Knorpel	*Fleisch:* Ziege	*Fleisch:* Hase + Innereien (z.B. Leber)	*Fleisch:* Rind	*Fleisch:* Kalb	*Fleisch:* Fisch
	Gemüse / Obst: Gemüse-Mischung „3"	*Gemüse / Obst:* Gemüse-Mischung „1"	*Gemüse / Obst:* Gemüse-Mischung „3"	*Gemüse / Obst:* Apfel	*Gemüse / Obst:* Gemüse-Mischung „1"	*Gemüse / Obst:* Gemüse-Mischung „2"	*Gemüse / Obst:* Gemüse-Mischung „3"
	Zusatz: Walnussöl	*Zusatz:* Kürbiskernöl	*Zusatz:* Kürbiskernöl	*Zusatz:* Amaranth	*Zusatz:* Rosmarin	*Zusatz:* Eigelb	*Zusatz:* Petersilie

36

Nahrungsmittel

❧ Fleisch / Innereien / Fisch

Frisches **Fleisch** hat für den Hund mit 98 % die höchste Verdaulichkeit aller Futterkomponenten. Durch das rohe Fleisch werden Proteine, Fette, Mineralien, Vitamine und Wasser dem Körper zugeführt.

Grundsätzlich kann neben Rind-, Kalb-, Schaf-, Ziegen-, Wildfleisch, ebenso Geflügel roh gefüttert werden.

Gefüttert werden dürfen:
- Rind, Kalb, Pferd, Schaf, Lamm, Ziege
- Wild (Reh, Hirsch, Fasan, Kaninchen, Hase …)
- Geflügel (Huhn, Pute, Ente, Gans …)
- Innereien (Magen, Leber, Nieren, Lunge, Pansen, Bries …)
- Fisch (Süßwasser-, Salzwasser-Fische …)

(Siehe „Fleisch-Innereien-Fisch-Sortiment" Seite 66)

Rind- und Kalbfleisch
eignet sich gut für BARF-Anfänger. Kalbfleisch ist besonders zart und mager und hoch bekömmlich.

Pferdefleisch
ist ein mageres, eiweißreiches und cholesterinarmes Fleisch, dazu reich an Nährstoffen, besonders Eisen. Pferdefleisch ist äußerst gut verträglich. Oftmals ist Pferdefleisch die einzige Futtermöglichkeit für Hunde mit Nahrungsmittelunverträglichkeiten und Allergien.

Schaf- und Lammfleisch
dürfen Hunde ebenfalls roh fressen. Lammfleisch eignet sich besonders gut für Allergiker und für eine Ausschlussdiät. Einzig der Verdauungstrakt von Schafen und Lämmern ist für die Rohfütterung nicht geeignet, da sich dort oft Parasiten wie Bandwürmer befinden.

Ziegenfleisch
ist cholesterin- und harnsäurearm. Besonders geeignet für magen- und darmempfindliche Hunde und Allergiker.

Wildfleisch
ist ein "naturgewachsenes" Produkt, da das Wild selbst bestimmt was es frisst. Wildfleisch ist eines der hochwertigsten Nahrungsmittel, meist besonders fettarm, dabei reich an Proteinen und Mineralstoffen, sowie den Vitaminen B6 und B12.

Wildtiere, die in ihrer natürlichen Umgebung aufgewachsen sind, sind prinzipiell frei von Hormonpräparaten und Medikamenten.

Auf rohes *Schweinefleisch, Wildschweinefleisch* und Schweineknochen sollte ganz verzichtet werden, da sie die Erreger der Aujeszky-Krankheit enthalten können. Die Aujeszky-Krankheit, auch als Pseudowut bezeichnet, ist eine Virusinfektion, die bei Hunden durchaus tödlich verlaufen kann.

Geflügelfleisch
ist mager und leicht verdaulich. Es ist besonders für Hunde mit empfindlichem Magen geeignet. Ente und Gans sind fetthaltiger als Pute und Huhn. Geflügelfleisch ist zudem noch reich an essentiellen Omega-3- und Omega-6-Fettsäuren.

Innereien
werden als natürliche „Mineralien- und Vitaminbomben" bezeichnet. Sie liefern viele Nährstoffe in hochdosierter Form.
Niere und Leber sind aber auch Filterorgane, die sehr viel Glykogen (tierische Stärke) enthalten, was sie schwerer verdaulich macht. Bei übermäßiger Fütterung kann es zu Durchfall kommen. Daher sollten sie nicht zu viel und nicht zu oft gefüttert werden.

Bries gibt es vom Kalb und Lamm. Es ist ein hirnähnliches Organ, das im vorderen Bereich der Brust sitzt, sich aber beim erwachsenen Tier zurückbildet.

Herz und Zunge gehören aufgrund ihrer anatomischen Lage zwar zu den Innereien, bestehen aber rein aus Muskeln und werden daher in der BARF-Ernährung dem Muskelfleisch zugeordnet.

Fische
sind reich an essentiellen Omega-3- und Omega-6-Fettsäuren sowie an leicht verdaulichem Eiweiß. Durch ihren hohen Jod- und Vitamingehalt sind sie ein wertvolles Futtermittel in der BARF-Ernährung. Man kann sowohl Salz- als auch Süßwasserfische füttern. Die meisten Fischarten sind allerdings sehr fett. Daher ist eine Fischmahlzeit pro Woche ausreichend.

Rohe Fische können komplett gefüttert werden, lediglich alle Flossen abschneiden. Ihre Gräten sind weich und elastisch und können ohne Probleme geschluckt werden. Bei **gegarten Fischen** dürfen die Gräten **nicht** gefüttert werden. Sie verlieren durch die Erhitzung ihre Elastizität und können zu schweren Verletzungen in Maul, Speiseröhre und ebenso im Magen-Darm-Trakt führen.

Vorsicht bei frisch gefangenen Fischen - beim Ausnehmen auf Wurmbefall achten!

Rohes Fleisch und **roher Fisch** sollten **nicht** in einer Mahlzeit gefüttert werden. Fleisch- und Fischeiweiß werden unterschiedlich verdaut, es kann zu Durchfall kommen.

🐾 Fleischige Knochen / fleischlose Knochen / Knorpel

Knochen sind wichtig bei der Rohfütterung. Sie enthalten lebenswichtige Mineralstoffe wie Phosphor, Magnesium, Kalium, Natrium, Chlor, Fluor sowie in geringen Mengen Eisen und natürlich Calcium, das ein wichtiger Baustein für Nerven, Knochen und Zähne ist.

Fleischige Knochen liefern darüber hinaus auch Fett. Fett ist ein Energieträger. Fleisch ist ein wichtiger Eiweißlieferant, enthält Vitamin A, D und viele Vitamine des Vitamin-B-Komplexes, ebenso die Mineralien Kalium, Natrium und Eisen.

Knochen abnagen ist somit sehr gesund. Es reinigt die Zähne, stärkt die Kaumuskulatur, beansprucht die gesamte Kopf- und Nackenmuskulatur und ist zudem noch eine sinnvolle Beschäftigung!

Gefüttert werden dürfen:
- Fleischige Knochen von der Brust, Beinscheiben, Rinder-, Kalbs-, Pferdeknochen, Lammbrust/ -beine, Ziegen-, Schafs- oder Lammgerippe, Geflügel-, Kaninchenknochen uvm.

Knorpelteile sind gute Alternativen für Hunde, die keine Knochen fressen wollen oder sie nicht vertragen. Knorpel ist wichtig für den Knochen- und Knorpelaufbau, ebenso für die Gelenke und das Bindegewebe.

Gefüttert werden dürfen:
- Kehlkopf, Luftröhre, Ohren (mit Fell und Ohrmuschel), Knie-, Schultergelenk, Ochsenschwanz, Hühnerhals, Fisch mit Gräten uvm.

Grundsätzlich sind **rohe Knochen** für Hunde ungefährlich. Huhn, Pute etc. können ebenso unbedenklich gefüttert werden solange sie **roh** sind.

(Siehe „Fleischige Knochen / fleischlose Knochen / Knorpel-Sortiment" Seite 69)

– Rinderbeinscheibe mit gutem Fettanteil und Markknochen –

39

🐾 Gemüse

Gemüse ist ein wichtiger Bestandteil der Nahrung und wirkt sich positiv auf die Gesundheit des Hundes aus. Es ist Lieferant von Vitaminen und Mineralstoffen. Die verschiedenen Gemüsesorten haben unterschiedliche Inhaltsstoffe, deshalb ist es wichtig abwechslungsreich zu füttern, am besten nach Saison.

Gemüse kann zusammen mit Fleisch oder auch als Einzelmahlzeit gefüttert werden, dazu etwas Öl, damit die fettlöslichen Vitamine E, D, K und A vom Organismus aufgenommen werden können.

Die meisten Gemüsesorten, die roh verfüttert werden dürfen, können wahlweise auch gedämpft, blanchiert, gedünstet oder gekocht werden. Kohlgemüse sind im Allgemeinen gedünstet besser verträglich, sie können sonst Blähungen verursachen.

Gefüttert werden dürfen:
- Blumenkohl, Broccoli, Chicorée, Chinakohl, Feldsalat, Fenchel, Gurken, Grünkohl, Karotten, Kartoffel, Knollensellerie, Kohlrabi, Kürbis, Meeresspargel, Paprika (rot + gelb), Pastinake, Porree, Rosenkohl, Rote Bete, Salat, Staudensellerie, Spargel (grün + weiß), Spinat, Süßkartoffeln, Topinambur, Zucchini

(Siehe „Gemüse-Sortiment" Seite 72)

Wer sein Gemüse nicht gerade vom Biobauern kauft, sollte es vor der Verarbeitung wenigstens abreiben.

🐾 Obst

Obst ist ebenso wie Gemüse ein wichtiger Bestandteil der Nahrung. Es wirkt sich positiv auf die Gesundheit des Hundes aus. Obst ist fett- und eiweißarm, aber reich an Mineralstoffen, Vitaminen, Fruchtsäuren und Ballaststoffen. Die meisten Früchte enthalten sehr viel Wasser (80 % bis 95 %) und sind reich an Vitaminen und Mineralstoffen.

Frisches Obst sollte möglichst mit der Schale verzehrt werden, da die meisten Vitamine, Ballaststoffe und Mineralstoffe sich dicht unter der Schale befinden. Obst immer nur reif, aber niemals verschimmelt oder angefault verfüttern! Vor der Verarbeitung gründlich abreiben.

Vorsicht bei Aprikosen, Pfirsichen und Nektarinen: Kerne / Steine enthalten Blausäure (tödlich!) Daher sollte man darauf achten, dass der Hund die Kerne nicht zerbeißt und schluckt.

Gefüttert werden dürfen:
- Ananas, Äpfel, Apfelsinen (Orangen), Aprikosen, Bananen, Birnen, Brombeeren, Datteln, Erdbeeren, Feigen, Granatäpfel, Grapefruits, Heidelbeeren, Himbeeren, Johannisbeeren, Kirschen, Kiwis, Mangos, Mandarinen, Melonen, Mirabellen, Nashi-Birnen, Nektarinen, Pfirsiche, Pflaumen / Zwetschgen, Preiselbeeren

(Siehe „Obst-Sortiment" Seite 79)

Obst kann direkt zu Fleisch oder als separate Zwischenmahlzeit, z.B. mit Milchprodukten und etwas Honig gegeben werden.

Obst kann zusammen mit Gemüse als Einzelmahlzeit gefüttert werden. Beim Füttern von Obst sollte man Speisequark, Naturjoghurt oder 1 TL Öl als Fettquelle dazugeben.

🐾 **Kräuter** (frische Wild- und Küchenkräuter)

Kräuter sind eine natürliche und gesunde Futterergänzung. Sie bereichern den Speiseplan der Tiere u.a. durch ihren Gehalt an Vitaminen, Mineralstoffen und ätherischen Ölen. Diese Öle sind in geringen Mengen sehr gesund. Auch hier sollte auf Abwechslung geachtet werden, am einfachsten nach Saison füttern. In größeren Mengen können verschiedene Kräuter jedoch gesundheitsschädigend, sogar giftig sein. Daher sollte man Kräuter mit Bedacht füttern - immer in Maßen.

Kräuter sollten immer klein geschnitten werden, denn nur so können sich ihre ätherischen Öle entfalten. Eine Prise frische Kräuter kann hin und wieder zum Futter gegeben werden. Bitte dabei beachten, dass die Kräuter nach dem Zerkleinern sehr intensiv riechen und der Hund bei einem „Zuviel" an Kräutern sein Futter evtl. nicht fressen wird.

Gefüttert werden dürfen:
- Basilikum, Bärlauch, Bohnenkraut, Borretsch, Brombeerblätter, Brunnenkresse, Dill, Estragon, Gänseblümchen, Himbeerblätter, Ingwer, Kamille, Kerbel, Knoblauch, Koriander, Kümmel, Liebstöckel, Löwenzahn, Majoran, Oregano, Petersilie, Pfefferminze, Pimpinelle, Rosmarin, Salbei, Schnittlauch, Thymian, Zitronenmelisse

(Siehe „Kräuter-Sortiment" Seite 85)

42

🐾 Öle

Öle nehmen in der Hundeernährung einen wichtigen Stellenwert ein. Ihre Fettsäuren sind zum Teil lebensnotwendig (essentiell) für den Körper. Der Hundeorganismus kann bestimmte Fettsäuren durch körpereigene Mechanismen selbst bilden. Andere Fettsäuren, insbesondere die Linolsäure und die α-Linolensäure, können vom Hund nicht selbst gebildet werden. Diese müssen daher über die Nahrung ergänzt werden.

Die Fettsäuren sind unterschiedlich zusammengesetzt. Man unterscheidet sie nach ihrer Molekülgröße (kurz-, mittel- und langkettige Fettsäuren), wie auch nach ihren chemischen Bindungen (gesättigte und ungesättigte Fettsäuren). Als Untergruppen zu den „mehrfach ungesättigten Fettsäuren" gehören die Omega-3- und Omega-6-Fettsäuren.

Gesättigte Fettsäuren

sind Bestandteil tierischer Fette, wie z.B. in Fleisch, aber auch in Milchprodukten, Kokosfett usw. Gesättigte Fettsäuren sind träge und wenig aktiv. Sie sind zwar reiche Energiespender, aber schwer verdaulich. Diese Art von Fettsäuren verlangsamen den Stoffwechsel. In hohen Maßen gefüttert, sind sie ungesund für den Organismus. Der Körper kann sie nicht sofort umwandeln, sondern lagert sie erstmal als Depotfett ein.

Ungesättigte Fettsäuren

sind lebensnotwenig - insbesondere die mehrfach ungesättigten Fettsäuren. Der Körper braucht sie für seinen Stoffwechsel. Je ungesättigter eine Fettsäure, desto stoffwechselaktiver ist sie.

Die essentiellen, ungesättigten Fettsäuren wirken positiv auf den Stoffwechsel und erfüllen mehrere Aufgaben im Körper: Sie unterstützen das Immunsystem, sind entzündungshemmend und schmerzlindernd, wirken reizlindernd und schützend auf Magen- und Darmschleimhäute. Sie fördern das Zellwachstum und stärken somit die Haut von innen heraus.

Um dem Hund ein größeres Angebot an Fettsäuren zur Verfügung zu stellen, können verschiedene Öle im Wechsel gegeben werden. *Fischöle* z.B. Lachsöl und Lebertran oder *pflanzliche Öle* wie Hanföl, Leinöl, Walnussöl und Rapsöl haben den höchsten Prozentsatz an Omega-3-Fettsäuren.

Ein "auf Dauer zu viel" an Omega-6-Fettsäuren kann jedoch zu Gesundheitsschäden führen, z.B. entzündungsfördernd wirken. Sie unterdrücken die lebenswichtigen Aufgaben der Omega-3- Fettsäuren. Daher ist es ratsam, sie nicht zu oft zu füttern.

Fettsäuren:

Palmitinsäure	gesättigte Fettsäure
Ölsäure	einfach ungesättigte Fettsäure (Omega-9)
Linolsäure	zweifach ungesättigte Fettsäure (Omega-6)
Alpha-Linolensäure	mehrfach ungesättigte Fettsäure (Omega-3)
Gamma-Linolensäure	mehrfach ungesättigte Fettsäure (Omega-6)

Nur native oder kaltgepresste Öle verwenden!

Native und kaltgepresste Öle sind die qualitativ hochwertigsten Öle. Sie werden ohne weitere Wärmezufuhr nur durch Druck oder Reibung hergestellt. Durch die schonende Gewinnung bleiben Geschmacksstoffe, Vitamine und die als gesund geltenden mehrfach ungesättigten Fettsäuren erhalten.

Raffinierte Öle werden durch Warmpressung und chemische Extraktion gewonnen. Bei diesem Verfahren werden jedoch die Vitamine und mehrfach ungesättigten Fettsäuren sowie das Aroma zerstört. Die so gewonnenen Öle sind geruchs- und geschmacks-neutral, jedoch hoch erhitzbar, lange haltbar und ausgesprochen billig.

Gefüttert werden dürfen:
- Borretschsamenöl, Distelöl, Dorschöl, Hanföl, Haselnussöl, Krillöl, Kokosöl, Kürbis-kernöl, Lachsöl, Lebertran, Leinöl, Nachtkerzenöl, Rapsöl, Schwarzkümmelöl, Se-samöl, Sonnenblumenöl, Walnussöl

(Siehe „Öl-Sortiment" Seite 90)

🐾 Milchprodukte

Milch und Milchprodukte enthalten viel Calcium und leicht verdauliches Eiweiß. Hunde ver-fügen allerdings nicht über das notwendige Enzym, um die enthaltene Laktose (Milchzu-cker) zu spalten und zu verarbeiten. Es kann zu Blähungen und evtl. zu Durchfall führen. Daher sollten keine größeren Mengen Milch oder Käse gefüttert werden.

Milch als Wasserersatz gehört nicht in den Hundenapf!

Gefüttert werden dürfen:
- Buttermilch, Dickmilch, Feta, Hüttenkäse, Käse, Kefir, Magermilch, Mascarpone, Na-turjoghurt, Schlagsahne, Schmand, Speiseeis, Speisequark uvm.

(Siehe „Milchprodukte-Sortiment" Seite 94)

44

Bei zu viel **Käse** ist Vorsicht geboten! Käse ist ein leckeres Naturprodukt und wird von den Hunden gerne gefressen. Er enthält neben den Vitaminen A, B, E, wichtige Mineralstoffe, vor allem Calcium. Aber auch sein hoher Fettgehalt gilt es zu beachten, ebenso wie das Lab, das zur Käseherstellung eingesetzt wird. Es wird nicht verwertet und spaltet weiter die Eiweiße im Darm, dadurch besteht Durchfallgefahr.

Für's Hundetraining oder als Belohnung sind Käsewürfel jedoch eine gute Alternative zu herkömmlichen, gekauften Leckerlies.

🐾 Honig

Honig ist ein wertvoller Bestandteil der BARF-Ernährung und seit je her als natürliches Antibiotikum bekannt. Obwohl Honig hauptsächlich aus den Zuckerarten Fructose (Fruchtzucker) und Glucose (Traubenzucker) sowie Wasser besteht, wirkt er entzündungshemmend im Magen- und Darmbereich. Er kann zur Stärkung des Immunsystems und zur Erleichterung bei Zwingerhusten oder anderen Bronchialerkrankungen eingesetzt werden. Er enthält weiter Mineralstoffe, Spurenelemente, Vitamine, Blütenpollen und Enzyme.

Gefüttert werden dürfen:
- alle Honig-Sorten

Bei Hunden mit Pollenallergie besser auf Waldhonig-Sorten zurückgreifen.

🐾 Eier

Eier ganz oder gar nicht füttern?! Eier enthalten neben Protein und Fett, viele Vitamine, essentielle Fettsäuren und Spurenelemente. Ganze **Eier** sind hochverdauliche und gute Eiweißlieferanten. Rohes Eiweiß enthält Avidin, welches das Vitamin H (Biotin) zerstört. Das ist jedoch nicht von Bedeutung, wenn das Eigelb mit verfüttert wird, da der hohe Biotingehalt des Eigelbs die Avidinwirkung übertrifft. Wenn die Schale mit verfüttert wird, sind sie sehr calciumreich. Klein gemahlene Eierschalen sind eine gute Alternative für Hunde, die keine Knochen fressen oder sie nicht vertragen.

Eierschalen immer pulverisiert verfüttern! Bei zu großen Schalenstücken kann es zu Verletzungen des Zahnfleisches oder im schlimmsten Fall der Speiseröhre kommen!

❖ Nüsse / Samen / Flocken

Als täglicher Bestandteil der Futterration sind <u>Nüsse</u> nicht zu empfehlen. Nüsse haben generell ein schlechtes Calcium-/Phosphorverhältnis, d.h. der sehr hohe Phosphorgehalt belastet die Nieren. Zudem sind Nüsse sehr fettreich. Trotzdem enthalten sie gesunde Mineralstoffe und Vitamine. Gegen eine gelegentliche Nuss ist daher nichts einzuwenden.

Wenn Nüsse und Samen gefüttert werden, dann gehackt oder zerstoßen. Der Hundeorganismus kann so die Inhaltsstoffe besser verwerten.

Bei Hunden kleiner Rassen empfiehlt sich die Gabe von 1 TL gehackter oder zerstoßener Nüsse / Samen. Bei größeren Rassen kann 1 EL zu einer Mahlzeit gegeben werden.

Gefüttert werden dürfen:
- Cashew-Kerne, Erdnüsse, Haselnüsse, Süße Mandeln, Paranüsse, Pekannüsse, Walnüsse
- Kürbiskerne, Pinienkerne, Sesam, Leinsamen
- Erbsenflocken, Kokosraspeln / -flocken

(Siehe „Nüsse / Samen / Flocken-Sortiment Seite" 96)

Die <u>grünen Fruchtschalen</u> der Walnüsse können von einem toxinbildenden Pilz befallen sein, dessen Wirkstoff Roquefortin C (vergleichbar mit Strychnin) bei der Einnahme, bei Hunden zum Tod führen kann! Reife Walnüsse dagegen sind sehr gesund!!

🐾 Getreide

Getreide ist kein natürliches Futter für Hunde. Es kann gefüttert werden, muss aber nicht sein. Rohes Getreide hat eine geringe Verdaulichkeit und dient hauptsächlich als Sättigungsmittel.

Bei gesunden Hunden, die rohes Getreide gut vertragen, ist es in geringen Mengen unbedenklich. Hier kann 1x pro Woche eine Getreidesorte gefüttert werden. Bei großen Rassen wären 2 EL, bei Hunden mittlerer Größe 1 EL Getreide zur Mahlzeit ausreichend.

Für den Einstieg oder für Hunde, die unter einer Glutenunverträglichkeit leiden, eignen sich alle Getreidesorten, die über keine Klebereiweiße verfügen, also glutenfrei sind. Hier kann man *Amaranth, Buchweizen, Hirse, Polenta* (Maisgrieß oder -flocken)*, Quinoa* (auch Inkareis oder Andenhirse genannt) *und Reis* anbieten. Sie werden von Hunden gerne gefressen und können auch unbedenklich gefüttert werden.

Welpen sollte man die ersten 6 Wochen grundsätzlich kein Getreide füttern, da ihr Verdauungstrakt damit nur unnötig belastet wird.

Wer Getreide füttern möchte, sollte naturbelassene Getreidesorten verwenden. Einen wichtigen Beitrag zur Darmpflege leistet *Weizenkleie*. Ihre Faserstoffe fördern die Verdauung, daher nur in geringen Mengen füttern.

Wenn Getreide, dann:
- *Glutenfrei:*
  Amaranth, Buchweizen, Hirse, Polenta, Quinoa, Reis, Mais

- Glutenhaltig:
  Roggen, Dinkel, Gerste, Hafer / Haferflocken, Weizenkleie

(Siehe „Getreide-Sortiment" Seite 99)

47

Gesundheitsschädliche Nahrungsmittel

"Allein die Menge macht das Gift" – Paracelsus

Es gibt einige Dinge, die nicht in den Futternapf des Hundes gehören. Was für den Menschen essbar ist, kann für den Hund gesundheitsschädlich und im schlimmsten Fall tödlich sein. Der Hinweis „natürlich" oder „rein pflanzlich" ist nicht gleichzusetzen mit „harmlos" oder „ungefährlich".

In Notfällen die Giftzentrale anrufen - Adressen und Telefon-Nummern siehe Seite 137.

Nicht gefüttert werden dürfen:

- **Avocados**
  enthalten Gift in Fruchtfleisch und Kern. Eine Vergiftung endet i.d.R. tödlich, da eine spezifische Therapie <u>nicht</u> existiert.
  Symptome:
  Atemnot, Husten, Ödeme, Bauchwassersucht, Schädigung des Herzmuskels

- **Auberginen**
  gehören zu den Nachtschattengewächsen und enthalten das für Hunde giftige Solanin und in kleinsten Mengen Nikotin. Auberginen verlieren ihren Solaningehalt, wenn sie überreif sind, doch auch dann sollten sie nur in geringen Mengen gefüttert werden.
  Symptome:
  Schädigt Schleimhäute, führt zu Durchfall, Krämpfen, Lähmungen

- **Hülsenfrüchte (roh)**
  Hülsenfrüchte (Erbsen, Bohnen, Soja ...) sind für Hunde in rohem Zustand giftig. Sie enthalten das Gift Phasin. Durch eine Kochzeit von mindestens 30 Minuten wird es zwar zerstört, enthält aber dann noch Fermenthemmer, die Hülsenfrüchte sehr unverdaulich machen.
  Symptome:
  Schädigung der Dünndarmschleimhaut und dadurch Störung der Absorption, Verringerung der Aktivität von Enzymen in der Darmschleimhaut und damit der Verdauungskapazität, Veränderung der Darmflora. Nach längerdauernder Aufnahme Schädigung der Darmschleimhaut irreversibel.

- **Kartoffeln (roh)**
  Kartoffeln sind ebenso Nachtschattengewächse und enthalten daher auch Solanin. Es kommt sehr gehäuft in den grünen Stellen / Augen vor. Diese sollten großzügig herausgeschnitten werden. Kartoffeln nur gekocht füttern!
  Symptome:
  Schädigt Schleimhäute, führt zu Durchfall, Krämpfen, Lähmungen

- **Kakao / Schokolade**

  enthält Theobromin, ein starkes Nervengift, das ab 100 mg/kg Körpergewicht tödlich ist.

  Der Theobromin-Gehalt in verschiedenen Produkten:
  Kakaopulver 14-26 mg/g, Milchschokolade 1,5-2 mg/g, dunkle Schokolade 5-8 mg/g, Kochschokolade 14-16 mg/g, 70 %ige Schokolade 20 mg/g, 90 %ige Schokolade 26 mg/g. Weiße Schokolade enthält kaum Theobromin, sollte aber wegen ihres hohen Fett- und Zuckergehaltes, der zu einer Bauchspeicheldrüsenentzündung führen kann, nicht gefüttert werden.

  1/2 Tafel Zartbitter-Schokolade kann für einen mittelgroßen Hund tödlich sein!

  Symptome:
  Durchfall, Erbrechen, später Zittern, Krämpfe, Lähmungen der Hintergliedmaßen, Bewusstseinsstörungen.

- **Macadamia-Nüsse**

  sind für Hunde giftig. Da es bisher nicht bekannt ist, warum die Aufnahme von größeren Mengen zu klinischen Symptomen bei Hunden führt, sollten keine Macadamia-Nüsse verfüttert werden.

  Symptome:
  Schwäche (vor allem der Hinterhand), Ataxie, Lahmheit, Steifheit, blasse Schleimhäute

- **Obstkerne / -steine**

  Von Pflaumen, Pfirsichen, Aprikosen usw. enthalten Blausäure. Das Verschlucken von Kirschkernen führt noch nicht zu Vergiftungserscheinungen. Erst beim Zerbeißen von z.B. Pirsich- und Aprikosenkernen wird der weiche, mandelförmige Samen zugängig, der die Toxine enthält. Sie spalten im Organismus Blausäure ab.

  Symptome:
  Speicheln, Erbrechen, Durchfall und Fieber, auffallend rote Schleimhäute, Atemnot, Krämpfe und Schwäche

- **Paprikaschoten, grün**

  gehören zu den Nachtschattengewächsen. Besonders die grünen Paprikaschoten enthalten das für Hunde giftige Solanin.

  Symptome:
  Reizung des Magen-Darm-Traktes. Zu viel Solanin kann die roten Blutkörperchen zerstören.

  Bei den gelben Paprikaschoten ist der Solaningehalt wesentlich geringer, da sich dieser während des Reifeprozesses abbaut. Rote Paprikaschoten können bedenkenlos gefüttert werden.

- **Pilze**
  Die Zellwände der Pilze enthalten zwei unverdauliche Bestandteile: Chitin und Cellulose, die zu Koliken führen können. Einige Pilzarten enthalten sogar Giftstoffe, welche Leber oder Nieren schädigen, während andere zu schweren Verdauungsstörungen oder selbst zu neurologischen Störungen führen können.

  Die amerikanische Vergiftungskontrollzentrale für Tiere (ASPCA) rät daher, alle Haustiere von Wildpilzen fern zu halten und jegliche Art von Pilzkonsums bei Hunden sehr ernstzunehmen.
  Symptome:
  Erbrechen grüngefärbter Galle

- **Schweinefleisch (roh)**
  Auf rohes Schweinefleisch oder Schweineknochen sollte ganz verzichtet werden, da es die Erreger der Aujeszky-Krankheit enthalten kann. Die Aujeszky-Krankheit, auch als Pseudowut bezeichnet, ist eine Virusinfektion, die bei Hunden in der Regel tödlich verläuft.
  Da dieser Virus für den Menschen nicht gefährlich ist, wird Schweinefleisch nicht darauf getestet.
  Symptome:
  Durchfall, Abgeschlagenheit, trübe Augen

– Nicht füttern! –
Macadamia-Nüsse, Schokolade, Avocado, Aubergine,
Tomaten, Pilze, Trauben, Rosinen uvm.

50

- **Soja-Produkte** (siehe Hülsenfrüchte)

  Auf Sojaprodukte sollte vollständig verzichtet werden. Das in Soja enthaltene Phasin führt zur Schädigung der Darmschleimhaut und kann den Verdauungstrakt nachhaltig zerstören. Soja gehört wie Weizen zu den häufigsten Allergieauslösern.
  Soja-Öl enthält Stoffe, die der Hund nicht natürlich ausscheiden kann.
  Symptome:
  Überfunktion der Niere und Leber können die Folge sein.

- **Sternfrucht / Karambole**

  sind eigentlich sehr vitaminhaltig, reich an Calcium und Eisen, aber sie enthalten ein bisher nicht bekanntes Neurotoxin, ein Giftstoff, der die Nervenzellen schädigt. Ein „Zuviel" kann zu Herzstörungen führen. Hunde die an einer Niereninsuffizienz leiden, zeigen schneller Vergiftungserscheinungen.
  Symptome:
  Erbrechen, Durchfall, Bewusstseinsstörungen

- **Tomaten**

  gehören zu den Nachtschattengewächsen und enthalten das für Hunde giftige Solanin. Überreif verlieren sie zwar ihren Solaningehalt, doch auch dann sollte sie nur in geringen Mengen gefüttert werden.
  Symptome:
  Schädigt die Schleimhäute, führt zu Durchfall, Krämpfen, Lähmungen

- **Weintrauben, Rosinen, Trester, Traubenkernöl**

  Noch ist nicht bekannt, welche toxische Substanz der Trauben für die Vergiftungen verantwortlich ist, daher wird empfohlen auch auf Traubenkernöl in der Hundeernährung sicherheitshalber zu verzichten. Die tödliche Dosis liegt bei ca. 11,6 g Trauben pro kg Körpergewicht, allerdings sind sich hierbei die Forscher nicht einig.
  Symptome:
  Erbrechen, Appetitlosigkeit, Durchfall, Magenschmerzen. Nach 24 Stunden kann es bei schwerer Vergiftung zu Nierenversagen kommen – die Hunde werden unruhig bis lethargisch und können kein oder nur noch wenig Wasser lassen.

- **Wildschweinfleisch (roh)**

  Auf rohes Wildscheinfleisch sollte ebenso verzichtet werden, da 2011 im Taunus die Aujeszky-Krankheit bei Wildschweinen aufgetaucht ist und sich seither ausbreitet. Diese Virusinfektion verläuft bei Hunden in der Regel tödlich.
  Symptome:
  Durchfall, Abgeschlagenheit, trübe Augen

FAQ

Ernährung

➤ **Wie oft muss ich meinen Hund täglich füttern?**

Je nach eigenem Tagesrhythmus ist es empfehlenswert Welpen 3-4 x, Junghunde 3 x und erwachsene Hunde 2-3 x am Tag zu füttern. Da die Magensäure gebarfter Hunde sehr säurehaltig ist, wird das Fleisch z.B. von der Morgenmahlzeit schneller zersetzt. Am Nachmittag kann daher als kleine Zwischenmahlzeit Zwieback, Knäckebrot, Obst uvm. angeboten werden.

➤ **Muss täglich die gleiche Menge gefüttert werden?**

Bei Welpen sollten die Tagesmengenangaben eingehalten werden. Bei erwachsenen Hunden reicht es, wenn man den Wochenbedarf ausrechnet und auf 14 Mahlzeiten (2 x tägl. füttern) verteilt. Die Ausgewogenheit der Nährstoffe stellt sich über mehrere Mahlzeiten ein.

➤ **Darf ich die gleiche Fleischsorte mehrere Tage hintereinander füttern?**

Die gleiche Fleischsorte kann problemlos mehrere Tage hintereinander gefüttert werden, dies sollte aber kein Dauerzustand sein. Die Ausgewogenheit der Mahlzeiten sollte dann über verschiedene Sorten von Gemüsen, Obst und Ölen gestaltet werden.

➤ **Zu fett, zu mager! Warum ist beides an Fleisch so wichtig?**

Fett ist ein wichtiger Energieträger. Der Organismus des Hundes benötigt Fett, um seinen Energiebedarf zu decken. Es enthält essenzielle Fettsäuren, die der Hund selbst nicht bilden kann. Hunde können Fett in größeren Mengen gut verwerten, denn es dehnt sich im Magen nicht aus. Ideal wäre gut durchwachsenes Fleisch oder Fleisch mit einen Fettanteil von mind. 12-20 %. Ebenso kann man Fett am Stück füttern, es muss nur von der gleichen Tierart sein wie das Fleisch.

Füttert man z.B. mageres Rindfleisch, muss auch das Fett vom Rind stammen. Mageres Fleisch ist kalorienarm und vorwiegend Lieferant von Eiweiß. Bei der Verstoffwechselung von Eiweiß entstehen Abbauprodukte. Bekommt der Hund zu viel mageres Fleisch gefüttert, muss er für seine Energieversorgung überwiegend Eiweiß nutzen. Es entstehen dann zu viele Eiweißabbauprodukte. Leber und Nieren sind auf Dauer damit überfordert. Mageres Fleisch eignet sich für übergewichtige Hunde als Diätfutter und für Allergiker.

➤ **Knochenlose Ernährung - geht das?**

Eine knochenlose Ernährung ist grundsätzlich möglich. Allerdings liefern Knochen wichtige Mineralien, vor allem Calcium, welches wesentlich am Aufbau von Knochen und Zähnen beteiligt ist. Verträgt oder möchte der Hund keine Knochen, hat er evtl.- altersbedingt

Probleme mit den Zähnen oder man möchte ganz einfach keine Knochen füttern, müssen diese fehlenden Mineralien ergänzt werden. Diese kann man aber nur teilweise über die Ernährung abdecken. Zusätze wie z.B. Eierschalen, Knochenmehl uvm. gleichen zumindest den "Calcium-Verlust" aus.
(Siehe "Berechnung Tages-Futtermenge" Seite 32-33 und Kapitel "Nahrungs-Ergänzungsmittel" Seite 127)

➢ **Was sollte man nicht zusammen füttern?**

Zu beachten wäre, dass auf Säure basierende Obstsorten (Zitrusfrüchte) nicht mit rohem, sehr eiweißhaltigem Fleisch (Lamm, Fisch) gefüttert werden sollten, da die Fruchtsäure die Proteine im Fleisch gerinnen lässt und somit das Eiweiß größtenteils zerstört wird.

> Zu Lamm und Fisch sollten **nicht** gefüttert werden: Zitrusfrüchte (z.B. Ananas, Orange, Zitrone)

➢ **Muss man täglich Gemüse füttern?**

Gemüse muss nicht jeden Tag gefüttert werden - jeden 2. Tag ist ausreichend. **Rohes Gemüse** sollte **mit etwas Öl** (z.B. Walnussöl) oder Kokosraspeln angereichert werden. Das **Öl** hilft die Inhaltsstoffe besser aufzuschlüsseln, sodass der Hund sie optimal verwerten kann. **Kokosraspeln** wirken antiparasitär.

➢ **Kann man Tiefkühl-Gemüse und -Obst verwenden?**

Tiefgefrorenes Gemüse und Obst haben oftmals mehr Vitalstoffe aufzuweisen, als frisches. Da beides unmittelbar nach der Ernte schockgefroren wird, behalten sie so während der gesamten Tiefkühlphase ihre wertvollen Vitamine und Mineralien. Diese werden durch die Kälte sogar vor dem Zerfall geschützt.

Gemüse im Kühlschrank aufgetaut, ist wie frisch geerntet. Obst ist jedoch nach dem Auftauen meist nicht mehr ansehnlich. Es wird matschig, verliert an Flüssigkeit und auch seinen Geschmack.

Bei Tiefkühlprodukten sollte darauf geachtet werden, dass die Kühlkette nicht unterbrochen wird, da sonst die Qualität gemindert und die Haltbarkeitsdauer beeinträchtigt werden können.

➢ **Vegetarische Tage, sinnvoll oder sinnlos?**

Fleischlose Tage, also reine Gemüse- und Obsttage können hin und wieder eingeplant werden. Sie sind eine sinnvolle Alternative zu Fastentage und dienen zum Reinigen des Magen-Darm-Traktes. Man kann wahlweise nur Gemüse- oder Obsttage einlegen oder an einen Tag Gemüse und Obst zusammen füttern.

Allerdings darf man die Menge der Gemüse- oder Obstration nicht gleichsetzen mit der fleischhaltigen Tages-Futtermenge. Die in Gemüse und Obst enthaltene Fruchtsäure würde bei gleicher Futtermenge den pH-Wert der Magensäure derart erhöhen, dass es zu Erbrechen der Magensäure und Durchfall kommen könnte!

Berechnungsbeispiel für einen Gemüse- / Obsttag

Für einen **erwachsenen Hund,** mittelgroßer Rasse mit **15 kg** Körpergewicht, berechnet man den Futterbedarf für einen fleischfreien Tag mit **1 %** seines aktuellen Körpergewichtes:

100 % = 15000 g (**15**000 x **1** : 100)
  1 % =   **150 g** Tages-Futtermenge

150 g Tag-Futtermenge (100 %) setzt sich zusammen aus:

100 g Obst oder Gemüse oder Obst und Gemüse
 50 g Milchprodukte

➤ **Pansen, Blättermagen - nicht bei Temperaturen über 26 °C füttern?!**

Grüner Pansen und Blättermagen sollten nicht bei "Außen"-Temperaturen über 26 °C verfüttert werden, da sich die Bakterien in der "Hitze" schnell vermehren und die bereits vorverdauten Grünpflanzen zu gären beginnen. Durchfall und Erbrechen können die Folge sein.

– Curee für die Hunde –
Pansenfütterung nach einer anstrengenden Schleppjagd

54

> **Haut, Fett, Fell und Federn**

Die Nahrung eines Beutefressers besteht nicht nur aus Fleisch. Auch in freier Natur werden kleinere Beutetiere ganz, d.h. mit "Haut und Haaren" gefressen. Haut und Fett enthalten viele Nährstoffe. Fell und Federn haben zwar keinen Nährwert, dienen aber zum Reinigen des Magen-Darm-Traktes.

Für "hardcore" Barfer und rein gebarfte Hunde stellt dies sicher kein Problem dar, ganze Kaninchen oder Eintagsküken zu verfüttern - vorausgesetzt der Hund mag und verträgt es. Wer soweit nicht gehen möchte kann z.B. Kaninchenläufe mit Fell anbieten. Sie liefern Calcium und sind zudem noch ein leckerer Kauspaß.

Prinzipiell spricht nichts dagegen Tiere im Ganzen zu verfüttern, es dürfen jedoch keine lebenden Tiere sein. Überdies ist es von der Größe des Hundes abhängig, so wäre ein Chihuahua sicher mit einem ganzen Kaninchen oder Huhn überfordert.

– Deutsch Langhaar-Hündin Jana mit einer Ente im Fang –

> **Zusätze, welche braucht der Hund wirklich?**

Bei einer ausgewogenen Ernährung ist es nicht nötig dem Futter Zusätze beizumischen. Wird der Hund z.B. nur mit Rind-, Lamm- und Geflügelfleisch ernährt und ist das Gemüse- sowie Obstangebot nicht vielfältig genug, sollten die fehlenden Vitamine und Mineralstoffe durch Zusätze ergänzt werden.

(Siehe "Nahrungs-Ergänzungsmittel" Seite 127)

> **Leckerlies, welche passen in den BARF-Plan?**

Als Leckerlies sollte man auf Naturprodukte zurückgreifen. Getrockneter Pansen, Lunge, Dörrfleisch, Ochsenziemer, Ohren, Fisch oder auch selbstgebackene Kekse, sind eine gesunde Alternative zu den handelsüblichen Leckerchen.

(Siehe „Dörren - Fleisch, Gemüse und Obst selbst trocknen" Seite 108)

Gesundheit

❖ **Zahnstein: Falsch ernährt oder woher kommt er eigentlich?**

Zahnstein sind mineralisierte Zahnbeläge, die Kalksalze aus Futterresten, Speichel, Zellen der Schleimhaut im Maul sowie Bakterien und Pilze einschließen. An der rauen Oberfläche des Zahnsteins können sich weitere Zahnbeläge anheften, sodass der Zahnstein zunimmt. Zahnstein lagert sich sowohl auf der Zahnoberfläche als auch unterhalb des Zahnfleisches an.

Eine weitere mögliche Ursache für Zahnstein sind Fehlstellungen des Gebisses. In diesem Fall findet beim Kauen kein ausreichender Abrieb statt, sodass sich die Zähne nicht mehr selbst reinigen können. Die mangelnde Selbstreinigung tritt auch auf, wenn der Hund überwiegend Nassfutter frisst, anstelle von Fleisch und geeignete Knochen.

❖ **Mundgerüche: Wie riechen sie und was bedeutet das?**

Zahn- und Zahnfleischprobleme sind die häufigsten Ursachen für Mundgeruch. Sie entstehen, wenn Nahrungsreste, die an Zähnen, Zahnfleisch und in Zahntaschen haften bleiben mit der Zeit von Bakterien zersetzt werden und sich dabei Plaque und Zahnstein bilden.

Bei *Zahnkaries / eitrigem Zahn* riecht der Atem faulig, bei *Zahnfleisch-, Mundschleimhautentzündung, Lefzenekzem, Zahnstein* nach Aas.

Neben Zahnproblemen gibt es weitere Erkrankungen, als Ursache für Mundgeruch, z.B.

Diabetes: der Atem riecht süß, fruchtig oder nach Azeton
Nierenprobleme: der Mundgeruch riecht wie Urin / Ammoniak
Leberprobleme: der Hund riecht abnormal schlecht aus dem Maul
Magen-Darm-Probleme / Gastritis: riecht bitter
Analdrüsensekret: riecht abnormal fischig / aashaft
Sind die Analdrüsen verstopft, sammelt sich darin das Analdrüsensekret an, was zu schmerzhaften Entzündungen führen kann. Der Hund wird stetig am eigenen After lecken, um sich Linderung zu verschaffen und beschert sich dadurch einen üblen Mundgeruch.

❖ **Frei von Mundgeruch - Wie geht das?**

Die meisten gebarften Hunde haben keinen oder nur geringen Mundgeruch. Grund dafür ist, dass sie keinen oder nur wenig Zahnstein haben. Frisst der Hund fleischige Knochen löst er erst das Fleisch ab, um dann mit seinen hinteren Backenzähnen den Knochen zu zerbeißen. Dadurch kann sich in den unzugänglichsten Zahnstellen weniger Zahnstein ablagern.

Falls der Hund trotzdem Mundgeruch hat, bei ihm jedoch keine ernsthafte Erkrankung vorliegt, kann man z.B. ein wenig feingehackte Petersilie zum Essen mischen.

56

❖ **Gibt es rassen- und fellfarben bedingte Fütterungen?**

Dalmatiner produzieren zu viel Harnsäure, die sie nur teilweise abbauen und ausscheiden können. Daher ist ihr Harnsäurespiegel etwa doppelt so hoch wie bei anderen Hunden. Grund dafür ist eine genetische Veränderung, welche die Purinverarbeitung stört. Purine sind Eiweißverbindungen, die eine wichtige Rolle beim Zellaufbau spielen. Da Purine aus der Nahrung vom Stoffwechsel in Harnsäure umgewandelt werden, ist es wichtig beim Dalmatiner auf eine purinarme Ernährung zu achten.

Frei von Purinen: Öle und Fette
Geringer Puringehalt: Eier, Milchprodukte, Kartoffeln, Reis, Gemüse
Mittlerer Puringehalt: Fleisch, Hülsenfrüchte
Hoher Puringehalt: Fisch, Innereien, Zunge, Hefe

Hunden mit hellem Fell (z.B. Malteser) sollte man nicht regelmäßig Paprika und Karotten füttern. Die enthaltene Carotinoide (natürliche Farbstoffe) können eine gelbe bis rötliche Färbung des Felles verursachen.

❖ **Entwurmung: Chemisch oder natürlich?**

Die Entwurmung ist ein wichtiges Kapitel in der BARF-Ernährung und darf nicht unerwähnt bleiben. Viele BARF-Einsteiger befürchten, dass sich ihre Tiere durch die Fütterung von rohem Fleisch mit Würmern infizieren. Die Lebensmittelverordnung in Deutschland schreibt vor, dass noch am Schlachthof das Fleisch von Tierärzten auf Finnen, andere Parasiten oder Verunreinigungen zu untersuchen ist.

Wer trotzdem auf der sicheren Seite sein möchte, sollte das Fleisch vor dem Verfüttern mindestens eine Woche bei -17 °C bis -20 °C einfrieren. Die meisten Parasiten sterben beim Einfrieren ab. Dennoch ist es wichtig den Kot des Hundes regelmäßig in Augenschein zu nehmen, um einen evtl. Befall rechtzeitig zu erkennen. Denn auch in der freien Natur kann sich der Hund mit Würmern infizieren.

Tierärzte empfehlen eine vierteljährliche Entwurmung. Jedoch führt eine prophylaktische Verabreichung von chemischen Entwurmungsmitteln nachweislich zu Resistenzen und schädigt die Darmflora. Im Grunde benötigt man keine routinemäßige Entwurmung. Durch eine Kotprobe, die über 3 Tage gesammelt wird, kann das Labor feststellen, ob überhaupt ein Wurmbefall vorliegt - dann kann man handeln.

Weder Entwurmung noch Kotuntersuchung gibt eine 100-%ige Sicherheit. Wird heute der Hund entwurmt oder ist die Kotprobe negativ, kann er sich morgen infizieren. Daher ist es ratsam im Vorfeld dem Ganzen etwas vorzubeugen.
Die Naturheilkunde bietet inzwischen Möglichkeiten der Entwurmung, die den Organismus weniger belasten als die handelsüblichen chemischen Wurmmittel.

Eine sehr verträgliche und unschädliche Alternative ist **Kokosöl** (Kokosfett). Die darin enthaltene Laurinsäure wirkt antiparasitär und beugt Infektionskrankheiten vor, die durch Parasiten, wie Milben, Flöhe, Würmer ausgelöst werden. Laut einer Studie tötet Kokosöl offensichtlich sogar Darmparasiten, wie z.B. Bandwürmer, ab.

Kokosraspel haben ebenso eine antiparasitäre Wirkung: Durch ihre kratzige Konsistenz machen sie den Würmern den Aufenthalt im Darm ungemütlich, sodass die Parasiten abwandern.

Dosierungsempfehlung:

Kleine bis mittelgroße Rassen: ½ bis 1 Teelöffel als 4 Wochenkur,
1 x täglich zum Futter

Große Rassen: 1 Esslöffel als 4 Wochenkur, 1 x täglich zum Futter

Empfehlenswert ist es, dieses alle 3 Monate zu wiederholen.

Hygienevorschriften

Bei rohem **Geflügel** ist die Hygiene und ordnungsgemäße Kühlung besonders wichtig. Geflügel kann mit Salmonellen besiedelt sein, die sich schnell vermehren. Geflügel sollte nach dem Auftauen schnell verfüttert werden!

Fleisch und Geflügel nie auf dem gleichen Teller oder Brettchen mit dem gleichen Messer schneiden und nicht zusammen in einer Schüssel auftauen oder aufbewahren. Salmonellen können andere Lebensmittel befallen.

Gefährdet ist der Mensch - weniger der Hund. Benutzte Küchenutensilien (Schneidebrett, Messer etc.) unmittelbar nach dem Gebrauch mit heißem Wasser und Spülmittel säubern und immer gründlich die Hände waschen, nachdem rohes Fleisch, Geflügel und Fisch zubereitet wurde.

> **Wie riecht Fleisch und wie soll es aussehen?**

Frisches, rohes Fleisch riecht neutral. Ein leicht säuerlicher Geruch ist jedoch noch kein Zeichen, dass es verdorben ist. Riecht es allerdings süßlich oder unangenehm, darf das Fleisch nicht mehr verfüttert werden. Die Fleischoberfläche darf nicht schmierig aussehen. Das Fleisch selbst sollte fest sein und sich mit dem Finger nicht zu sehr eindrücken lassen oder schwammig anfühlen. Auch an der Farbe kann man die Frische erkennen: bei Rind ist die Farbe hell- bis dunkelrot, bei Geflügel hellrosa. Wild sollte rot bis rotbraun gefärbt sein. Keine Fleischsorte darf gräulich aussehen.

Fleisch, Gemüse und Obst enthalten Zucker. Durch das Braten werden Moleküle freigesetzt und es entstehen Röstaromen. Diese beeinflussen Geschmack und Geruch der Lebensmittel und lassen sie so schmackhafter werden.

➢ **Wie wird Fleisch richtig aufbewahrt und aufgetaut?**

Fleisch am Stück sollte man vor der Weiterverarbeitung mit kaltem Wasser abspülen, um oberflächlich anhaftende Bakterien zu entfernen.

Die ideale Lagertemperatur für Fleisch liegt bei + 2°C bis + 4°C. Es sollte daher immer im untersten Kühlschrankfach, auf der Glasplatte über der Gemüseschublade aufbewahrt werden, denn dort ist es am kältesten. Fleischbakterien können sich schon ab + 7°C vermehren.

Wer Fleisch länger als ein paar Tage aufheben will, muss es bei einer Gefriertemperatur von - 18°C tiefkühlen. Je schneller man es nach dem Kauf einfriert, desto weniger Keime können das Fleisch besiedeln.

Fleisch nicht im Gefrierbeutel oder einer Plastikschüssel auftauen, dort bleiben die meisten Bakterien haften. Empfehlenswert ist es, das Fleisch über Nacht im Kühlschrank auftauen zu lassen. Dazu das gefrorene Fleisch aus der Verpackung nehmen, in eine Porzellan- oder Glasschüssel legen und mit einem Deckel oder Teller lose abdecken - nicht fest verschließen! Bei luftdicht verschlossenem Fleisch können sich gefährliche Bakterien bilden (Botulismus).

Die Auftauflüssigkeit sollte weggeschüttet werden und nicht mit rohen Lebensmitteln in Berührung kommen. Aufgetautes rohes Fleisch ist im Kühlschrank höchstens 2 Tage haltbar. Beim Verfüttern von noch teilweise gefrorenem Fleisch kann es zu Durchfall kommen, daher das Fleisch besser in warmem Wasser fertig auftauen und bei Zimmertemperatur servieren.

➢ **Wie lange kann Fleisch im Kühl- und Gefrierschrank gelagert werden?**

Fleisch	Kühlschrank-Lagerdauer bei + 5°C
Hackfleisch, roh	Zubereitung am Einkaufstag
Gulasch, Geschnetzeltes, roh	1 Tag
Ganze Fleischstücke, roh	3 – 4 Tage
Geflügelfleisch, roh	1 – 2 Tage
Zubereitetes, durchgegartes Fleisch	2 – 3 Tage
Innereien, roh	1 – 2 Tage

Hinweis: Bakteriensporen überleben auch Gefriertemperaturen. Sobald das Fleisch aufgetaut wird, können sie sich wieder vermehren und neubilden. Deshalb sollte aufgetautes Fleisch möglichst schnell zubereitet und verfüttert werden.

Fleisch	Gefrierschrank-Lagerdauer bei -18°C
Hackfleisch, mager	1 – 3 Monate
Hackfleisch, fett	1 Monat
Rindfleisch	10 – 12 Monate
Kalbfleisch	9 – 12 Monate
Schaffleisch	6 – 10 Monate
Lammfleisch	6 – 10 Monate
Innereien	1 – 3 Monate
Knochen	1 – 3 Monate
Huhn	8 – 10 Monate
Pute	6 – 8 Monate
Gans	3 – 6 Monate
Ente	2 – 4 Monate
Wild	6 – 12 Monate
Wildgeflügel	4 – 8 Monate
Hase	8 Monate
Kaninchen	8 Monate
Seefisch, mager	5 Monate
Seefisch, fett	2 Monate
Forelle	2 – 4 Monate
Hecht	5 Monate
Schleie	5 Monate

Die Angaben in den Tabellen sind als Richt- bzw. als Erfahrungswerte zu verstehen. Sie sollen Anhaltspunkte für die Lagerung geben.

Quellen: aid "Tiefkühlkost – Einfrieren von A bis Z"

Wichtig: Damit keine eventuell vorhandenen krankheitserregenden Bakterien übertragen werden, dürfen Fleisch, Teller, Schüssel, Messer etc., sowie die Auftauflüssigkeit nicht mit anderen Lebensmitteln in Kontakt kommen, die roh verzehrt werden. Das gilt insbesondere für Geflügel, wegen einer möglichen Kontaminierung mit Salmonellen.

BARFen im Urlaub

BARF-Einsteiger stehen oft vor der Frage: Kann ich meinen Hund auch im Urlaub barfen? Natürlich geht das!

Für die Dauer eines Kurzurlaubes kann man frisches Fleisch, Obst, Milchprodukte, Öl etc. auch vor Ort im Supermarkt kaufen und hätte damit den "Grundbedarf" der Ernährung gedeckt. Selbst der Verzicht auf eine der Futterkomponenten würde kein Problem darstellen, da sich die Ausgewogenheit der wichtigsten Nährstoffe über mehrere Mahlzeiten einstellt.

Bei längerem Urlaub ist es empfehlenswert zusätzlich ein Nahrungsergänzungsmittel (siehe Seite 127) mitzunehmen, um die fehlenden Nährstoffe auszugleichen, für den Fall, dass vor Ort z.B. keine Knochen zu bekommen sind.

Bei Hunden, die rein gebarft werden, sollte man eine kurzzeitige ungewohnte Fütterung von Trocken- oder Nassfutter vermeiden. Die plötzliche Umstellung kann zu Verdauungsproblemen führen. Daher ist es ratsam, den Hund schon einige Tage vor dem Urlaub an das "neue" Futter zu gewöhnen, um die Verträglichkeit zu testen.

- Eine Alternative zu Frischfleisch wäre auf **"Fleisch-Würste"** als **Nassfutter** auszuweichen. Je nach Sorte bestehen sie aus 100 % gewolftem Fleisch oder als Menü mit 80 % Fleischanteil, ergänzt mit feinem Gemüse, Kräutern, Reis oder Kartoffeln, ohne künstliche Aroma-, Farb- und Konservierungsstoffe. Sie sind bei Raumtemperatur und trockener Lagerung mehrere Monate haltbar.

- Ebenso sind **gefrorene "Fleisch-Würste"** erhältlich. Hier gibt es inzwischen ein breites Angebot: von Rind, Lamm, Pferd, Geflügel, Pansen bis Lachs und Wild. Die "Würste" sind 100 % Fleisch pur und frei von künstlichen Zusätzen.

- Als weitere Alterative gibt es reines **Fleisch in Dosen** oder **Trockenfleisch** mit Gemüseflocken, das in Wasser eingeweicht aufquillt und dann verfüttert werden kann.

- Hat man die Möglichkeit Fleisch, Gemüse und Obst selbst zu trocknen / zu **dörren**, wären getrocknetes Fleisch als Leckerlies und selbst zusammengestellte Gemüse- und Obstmischungen ideal für den Urlaub oder wenn's mal schnell gehen muss. (Siehe „Gemüse-, Obst- und Kräutermischungen" Seite 111)

- Grundsätzlich ist es auch möglich **gefrorenes, portioniertes Fleisch** in einer Kühlbox, die im Auto angeschlossen werden kann, mitzunehmen. In der Kühlbox braucht Fleisch einige Tage bis es ganz aufgetaut ist. Damit kann man die ersten Tage erstmal überbrücken.

Bei Gemüse und Obst kann man ebenso auf **Tiefkühlprodukte** zurückzugreifen. Gemüse enthält auch tiefgefroren noch seine Vitamine und Mineralien. Obst wird beim Auftauen unansehnlich und matschig und sollte dann möglich schnell aufgebraucht werden.

Gerne werden für die Urlaubszeit auch **Baby-Gläschen** verwendet. Das verarbeitete Gemüse und Obst wird ohne Zusatz von Salz, bei Obst ohne zusätzlichen Zucker hergestellt. Sie sind aber keinesfalls als dauerhafter Ersatz geeignet!

Auf Gemüse- und Obst-**Konserven** sollte man verzichten. Ihnen wird bei der Herstellung Salz und Zucker zugefügt.

– Dosenfutter und Fleischwürste für den Urlaub –

– Selbst getrocknetes Fleisch –
– Obst-, Obst-Gemüse- und Gemüse-Mischungen –

Knochenfressen will gelernt sein!

Rohe Knochen sind in der BARF-Ernährung ein großes Thema. „Mein Hund frisst aber keine Knochen!" oder „Er nagt das Fleisch ab und lässt den Knochen dann liegen!" Solche und ähnliche Äußerungen sind oft Gegenstand langer Diskussionen.

Fakt ist, dass es unsere domestizierten Haushunde nicht mehr gewohnt sind, sich mit einem Knochen länger zu beschäftigen, schon gar nicht Knochen als Hauptfutterquelle zu sehen. Sie müssen dies erst wieder langsam erlernen und einen Sinn darin sehen, einen Knochen zu fressen. Denn eigentlich bringt das Fressen des Knochens dem Hund kein Sättigungsgefühl. Es ist vielmehr eine gesunde, sinnvolle Beschäftigung, die nicht nur die Zähne reinigt. Es stärkt die Kaumuskulatur, beansprucht die gesamte Kopf- und Nackenmuskulatur und powert den Hund physisch und mental aus.

Ebenso ist der Magen des Hundes nicht unbedingt auf das Verdauen von Knochen eingestellt. Der Magen muss ausreichend Magensäure produzieren um den Kalk zu zersetzen. Daher ist es ratsam als Einstieg Knochen mit Fleisch zu füttern. Durch den Schlüsselreiz „Fleisch" wird die ausreichende Produktion der Magensäure / des Verdauungssaftes angeregt.

Wie erlernt der Hund das Knochenfressen?

Wichtig dabei ist vor allem, dass der Hund einen Erfolg beim Knochenfressen hat. D.h. der Knochen, der ihm angeboten wird, muss seiner Rasse (Größe / Beißkraft) angepasst sein. Dem Yorkshire Terrier ein Schulterblatt vorzulegen, wäre wohl fatal. Der Hund könnte diesen Knochen nie fressen, somit hätte er kein Erfolgserlebnis und würde beim nächsten Anbieten eines Knochens, keinerlei Interesse mehr zeigen.

„Der Weg zum Ziel ist dein Ziel".

Schritt 1: Als Einstieg beginnt man mit leicht zu zerkauenden Knorpelteilen, wie beispielsweise Hühner- und Putenhälse, Rinderluftröhren. Ebenso sind Hühner-/ Puten-Schlegel und -Flügel mit Fleischanteil für den Anfängerhund zu empfehlen.

Schritt 2: Wenn der Hund dies problemlos frisst, steigert man auf Kalbs- und/oder Lammrippe, Kaninchenknochen, Geflügelkarkassen uvm. Sie gehören zu den „weichen" Knochen und bieten ein ideales Kauvergnügen.

Schritt 3: Dem geübten Hund können härtere Knochen, z.B. Ochsenschwanz, Brustbein, Kehlkopf, Schulterblatt, Kniescheibe uvm. angeboten werden.

Ist der Knochen zu groß oder zu hart gewählt, sodass der Hund ihn nicht auffressen kann, wird er dies für sich als Misserfolg werten. Hier geht man bei der nächsten Knochengabe wieder einen Schritt zurück und bietet ihm nochmals z.B. Lammrippe oder ein Stück Luftröhre an, damit sich für ihn wieder ein Erfolg einstellen kann.

Ist das Ziel erreicht, die Knochengewöhnung gelungen, muss die nächste Futterration (ohne Knochen) um ¼ reduziert werden, etwas Öl dazugeben, damit sich kein Knochenkot bildet.

Wer Knochen füttert, sollte folgendes beachten:

- Knochen nie ohne Aufsicht füttern!
- Keine zu kleinen Knochen anbieten, die in einem verschluckt werden können. Verschluckte Knorpel- oder Knochenstücke können zum Feststecken im Magen-Darm-Trakt führen oder schlimmstenfalls zum Darmverschluss.
- Nicht aufgefressene Knochen, immer wegräumen. Sie sind kein Spielzeug.
- Knochenfressen macht Durst, immer genügend Wasser zur Verfügung stellen.
- Bei mehreren Hunden muss jeder Hund seinen Knochen auf seinem Platz ungestört in Ruhe nagen können, damit sich sein Erfolgserlebnis einstellen kann.

(Siehe „Fleischige Knochen / fleischlose Knochen / Knorpel-Sortimente" Seite 69)

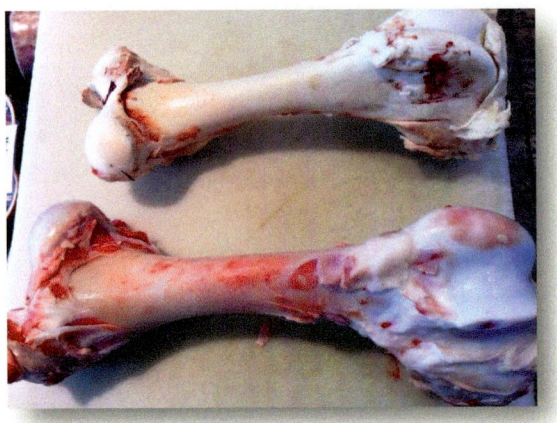

– Jumbo- und XL-Knochen –

Knochen dürfen niemals gekocht verfüttert werden!

Fütterung von zu viel Knochen kann zu Knochenkot führen!

Markknochen

In Scheiben geschnittene Markknochen können sich, beim Versuch des Hundes diese auszulecken, über den Unterkiefer oder die Zunge schieben und hängen bleiben. Die Tiere sind dann alleine meist nicht mehr in der Lage, sich selbst von ihm zu befreien. Der Knochen kann oft nur noch operativ entfernt werden.

Hühnerknochen, Fischgräten

Hühnerknochen und Fischgräten verändern durch den Garprozess ihre Knochenstruktur. Sie werden spröde und splittern leicht. Sie können den Tieren schwere Verletzungen in Maul, Speiseröhre und ebenso im Magen-Darm-Trakt zufügen.

Sortimenten-Listen

🐾 Fleisch- / Innereien- / Fisch-Sortimente

Tier	Produkt	Inhaltsstoffe / Anmerkung
Rind- und Kalb	Muskelfleisch	Calcium, Eisen, Kalium, Vitamin A, B1, B2, B6, B12 Muskelfleisch vom Rind bietet mehr Proteine, Vitamine, Mineralien und Spurenelemente als andere Fleischsorten u.a.
	Kopffleisch	sehr eiweißreich
	Schlundfleisch	besonders zartes und bekömmliches Muskelfleisch Für Welpen und Senioren geeignet.
	Herz	sehr proteinreich und enthält kaum Fett
	Zunge	sehr zart und bekömmlich
	Leber	Biotin, Eisen, Vitamin A, B2, B12 Keine zu großen Mengen füttern - eine Überversorgung mit Vitamin A kann zu gesundheitlichen Problemen führen.
	Lunge	besonders mager und fettarm
	Nieren	sehr eiweißreich, enthalten wenig Fett Nieren höchstens 1x in der Woche füttern, größere Mengen können abführend wirken.
	Grüner Pansen	Besonders hochwertig, da er die bereits vorverdauten Grünpflanzen der Futtertiere enthält. Die Bakterien im Rinderpansen haben diese bereits aufgeschlossen und in hochwertiges Protein umgewandelt.
	Weißer Pansen	Er ist gereinigt und weniger geruchsintensiv als der grüne Pansen. Er enthält allerdings auch weniger Nährstoffe.
	Blättermagen	Sehr fettarm, was ihn zum idealen Zusatzfutter bei einer Diät macht. Er enthält ebenso bereits vorverdaute Futterbestandteile, wie auch der Pansen.
	Kalbsbries	reich an Kalium, Vitamin C, hat eine etwas festere Struktur
	Bullenhoden	eine sehr eiweißreiche Delikatesse

65

Tier	Produkt	Inhaltsstoffe / Anmerkung
Pferd	**Muskelfleisch**	Sehr eiweißreich. Die Protein- und Energiewerte (kcal/KJ) liegen jedoch erheblich unter denen von magerem Rindfleisch. Durch seinen geringen Fett-Cholesterin- und Harnsäuregehalt ist es für sensible und allergisch reagierende Hunde geeignet.
	Herz	Sehr fettarm. Idealer Eiweißlieferant. Es zählt anatomisch zu den Innereien, wird aber in der Ernährung zum Muskelfleisch gezählt.
	Lunge	Sehr eiweißreich und enthält wenig Fett. Für empfindliche und allergisch reagierende Hunde sehr gut geeignet
Schaf- und Lamm	**Muskelfleisch**	hat einen geringen Fett-, Cholesterin- und Harnsäuregehalt. Für magen- / darmempfindliche und allergisch reagierende Hunde bestens geeignet.
	Kopffleisch	eiweißreiches Fleisch
	Herz	Fettarm, ein idealer Eiweißlieferant und verfügt über einen großen Anteil L-Carnitin, das sehr wichtig für den Muskelaufbau und -erhalt ist. Für allergisch reagierende Hunde geeignet.
	Pansen	enthält hochwertiges Protein, viele Vitamine und Mineralstoffe Beeinflusst positiv die Darmflora. Ist eine gute Alternative für allergisch reagierende Hunde.
	Lammbries	enthält wenig Fett, ist aber sehr eiweißreich, ebenso reich an Zink und Phosphor und Vitamin C.
	Muskelfleisch	enthält wenig Cholesterin. Reichlich vorhanden sind Eiweiß, Mineralstoffe und Vitamine, sowie Linolsäure, die als krebsvorbeugend gilt.
Ziege	**Hals**	hat noch viel Fleisch und ist reich an natürlichem Calcium. Auch für Hunde mit Futtermittelallergie geeignet, da nur wenige Hunde auf Ziegenfleisch allergisch regieren.

66

Tier	Produkt	Inhaltsstoffe / Anmerkung
Wild *(Reh, Hirsch, Kaninchen, Hase, Fasan)*	Muskelfleisch	Herzhaftes, fast fettfreies Fleisch, bissfest und hocharomatisch. Eignet sich hervorragend für empfindliche und allergisch reagierende Tiere.
	Rehrücken	sehr eisweißreich, aber auch sehr kalorienarm
	Hirschleber	besitzt besonders viele Vitamine und Mineralien, sollte jedoch nicht zu oft verfüttert werden. Sie ist eine gute Alternative für Allergiker.
	Kaninchenfleisch	enthält wenig Cholesterin und liefert viele ungesättigten Fettsäuren.
Geflügel *(Huhn, Pute, Ente, Gans)*	Muskelfleisch	fettarm, reich an essentiellen Fettsäuren und leicht verdaulich.
	Herz	ist eine natürliche Taurin- und Eiweißquelle.
	Magen	Bissfest, Eiweißlieferant, sehr gut für Diät und Schonkost geeignet.
	Hals	ist ein guter Calciumlieferant und hervorragend geeignet um den erhöhten Calciumbedarf bei Welpen auszugleichen.
	Gänsehaut	wird als Lieferant von essentiellen Fettsäuren und Energie benötigt.
	Gänsefett	Bestens für Hunde geeignet, welche an Gewicht gewinnen müssen. In kleinen Mengen als Zugabe z.B. bei magerem Geflügelbrustfleisch füttern.

Fisch-Sortiment

Tier	Produkt	Inhaltsstoffe / Anmerkung
Salzwasserfische	ganze Fische (ohne jegliche Flossen)	Dorsch, Hering, Hecht, Rotbarsch, Seeteufel, Seewolf, Steinbutt, Thunfisch, Makrele, Wolfsbarsch
Süßwasserfische		Barbe, Barsch, Brasse, Forelle, Hecht, Karpfen, Lachs, Rotauge, Schleie, Seeforelle, Wels, Zander

67

🐾 Fleischige Knochen- / fleischlose Knochen- / Knorpel-Sortiment

Tier	Produkt	Inhaltsstoffe / Anmerkung
Rind, Kalb	**Brustbein**	Seine Struktur ist gut geeignet für eine längere Beschäftigung.
	Kalbsrippen	Sehr fleischige und weiche Knochen. Ideal zur Knochengewöhnung.
	Strosse (Luftröhre)	Ein natürlicher Calciumlieferant. Zudem ein gesunder Knabberspaß für den Hund.
	Nackenknochen	vom Kalb, ideal für Welpen und kleinere Hunde.
	Markknochen	Nur für geübte Hunde geeignet, die das Mark heraus lecken und nicht versuchen den extrem harten Knochen zu zerbeißen. Am besten nicht ohne Aufsicht füttern, da es passieren kann, dass der Hund mit der Zunge oder dem Unterkiefer im Knochen stecken bleibt.
	Sandknochen	sind zersägte Kugelgelenksknochen. Es sind sehr weiche Knochen mit hohem Calciumgehalt, die zudem die Zähne gut reinigen. Nur in kleinen Mengen füttern, da Sandknochen gerne zu Verstopfungen (Knochenkot) führen.
Pferd	**Rippen**	Reich an Mineralien und sehr gut zur Zahnpflege.
	Nackenknochen	eignen sich als natürlicher Calciumspender. Pferdeknochen sind besonders hart und fettarm. Oft gibt es sie noch mit Sehnen.
	Markknochen	Ein calciumreicher Knabbersnack. Für Allergiker geeignet.
Schaf / Lamm / Ziege	**Rippen**	Weiche Knochen für BARF-Anfänger geeignet.
	Brustbein	hat einen hohen Fleischanteil und ist von der Struktur für Anfänger geeignet.
	Unterbeine (mit Klauen und Fell)	Das Fell wirkt Magen-Darm reinigend. Der Hund sollte jedoch nicht zu viel vom Fell fressen, da sonst die Gefahr besteht, es zu erbrechen und der Zweck der Magen-Darm-Reinigung dahin wäre. Ein guter Kausnack, aber nur für erfahrene „Knochenfresser" geeignet.

Tier	Produkt	Inhaltsstoffe / Anmerkung
Geflügel (Huhn, Pute, Ente, Gans)	**Karkassen**	sind die ausgeschlachteten Überbleibsel des Huhnes (Rücken / Rippen). Spitze und scharfkantige Stellen immer wegschneiden!
	Hals	Ideal für den BARF-Anfänger. Er ist sehr weich, splittert nicht, mit Fleisch umgeben. Wegen dem hohen Calciumgehalt werden sie auch gerne zur Welpen- Aufzucht verwendet.
	Flügel	Zum Knochenfressen lernen geeignet.
	Schenkel	haben viel Fleisch und werden daher gerne gefressen.
	Füße	Ein leckerer Knabberspaß.
Wild (Reh, Hirsch)	**Rücken**	Sehr harte Knochenstruktur, vielmehr zum Abnagen geeignet
	Keule	Nur für größere Hunde und erfahrene „Knochenfresser" geeignet.
	Rippen	Am besten geeignet.
	Läufe	sorgen für den unwiderstehlichen Kaugenuss.
	Rehkopf	Ein ganz besonderer Leckerbissen.
Fasan	**Flügel**	mit hohem Fleischanteil - als Anfängerknochen gut geeignet.
	Schenkel	haben einen hohen Fleischanteil.
	Hals	ideal für den BARF-Anfänger. Er ist sehr weich, splittert nicht, mit Fleisch umgeben.
	Karkassen	sind die ausgeschlachteten Überbleibsel des Fasanen (Rücken / Rippen).
Kaninchen / Hase	**Ganze Tiere**	Es können ganze Tiere verfüttert werden.
Fisch	**Ganze Fische mit Gräten**	Rohe Fische können komplett mit Gräten gefüttert werden. Bei gegarten Fischen dürfen die Gräten **nicht** gefüttert werden, da sie durch die Erhitzung ihre Elastizität verlieren. Sie wirken dann wie Nadeln und können den Tieren schwere Verletzungen zufügen.

Wichtig:
Pferde, Reh- und Hirschknochen sind nicht für jeden Hund geeignet. Die Knochenstrukturen dieser Tiere sind sehr hart und brauchen daher länger, um im Magen-Darm-Trakt zersetzt zu werden.

Knorpel

Tier	Produkt	Inhaltsstoffe / Anmerkung
Rind, Kalb	**Kugelgelenk vom Bein**	Die Gelenkkugeln des Rinderbeines lassen sich gut verfüttern.
	Ohren (mit Fell und Ohrmuschel)	sind eine zusätzliche Nahrungsergänzung zur Calcium- und Ballaststoffversorgung.
	Kehlkopf	hat viel Fleisch und ist ein idealer Calciumlieferant. Ein gesunder Knabberspaß für große und auch kleine Hunde.
	Luftröhre	Wegen des hohen Knorpelanteils gut für Gebiss- und Kaumuskulatur und somit auch gut für Anfänger geeignet.
	Ochsenschwanz	Er ist sehr hart und schwer verdaulich, hat aber viel Fleisch. Nur für knochengewöhnte Hunde geeignet.
Pferd	**Luftröhre**	Wegen ihres hohen Knorpelanteils, ein leicht zu kauender Knabberspaß.
	Kehlkopf	besteht zum größten Teil aus Knorpel - der ideale Calciumlieferant. Knorpel ist wichtig für den Knochen- und Knorpelaufbau, ebenso für die Gelenke und das Bindegewebe.
Schaf / Lamm / Ziege	**Schultergelenke**	sind ziemlich knorpelig, werden aber gerne gefressen.
	Ohren (mit Fell und Ohrmuschel)	Reich an Calcium und Ballaststoffen. Das Fell dient zur Magen- / Darmreinigung.
	Hals	splittert nicht und ist ganz mit Muskelfleisch umgeben.
	Kehlkopf	Ein fleischhaltiger Knorpel und Calciumlieferant.
Wild (Reh, Hirsch, Fasan)	**Ohren**	Optimal für allergische Hunde als Leckerchen und Kauvergnügen geeignet. Sie sind fett- und cholesterinarm.
	Luftröhre	Fettarm, leicht verträglich und gut bekömmlich, auch für kleine Hunde und Welpen hervorragend geeignet.
Kaninchen / Hase	**Ganze Tiere**	Es können ganze Tiere verfüttert werden.

🐾 Gemüse-Sortiment

Gemüse	Haupt-Inhaltsstoffe	Wirkung	Wasser anteil
Blumenkohl (gegart)	Calcium, Eisen Folsäure, Kalium, Kupfer, Pantothensäure, Phosphor, Provitamin A, Senföle, Vitamin B1, B2, B3, B6, C, E, K, Zink	Blumenkohl wirkt sich positiv auf Herz, Kreislauf, Magen und Darm aus. Nur gedämpft füttern, verursacht sonst Blähungen.	91,5 %
Broccoli (gegart)	Ballaststoffe, Kohlenhydrate, Calcium, Eisen (mehr als Spinat), reichlich Folsäure, Jod, Kalium, Mangan, Phosphor, Provitamin A, Selen Vitamin B1, B2, C, K. Broccoli weist den höchsten Vitamingehalt aller Gemüsesorten auf. Im Gegensatz zum Blumenkohl besitzt er das 5-fache an Calcium und 40-fache an Provitamin A.	Broccoli fördert die Verdauung, entgiftet den Körper und kurbelt die Zellerneuerung an.	89,7 %
Chicorée (blanchiert)	reich an Calcium, Kalium und Phosphor, Folsäure, Spurenelemente, Vitamin A, B1, B2, B3, C. Chicorée ist unter den Wintergemüsen der größte Vitamin A-Träger. Er verliert seine Bitterstoffe, wenn er in lauwarmem Wasser mit Zucker eingelegt wird.	Bitterstoffe wirken positiv auf Appetit, Verdauung, Stoffwechsel, Blutgefäße, Kreislauf.	94,6 %
Chinakohl (blanchiert)	Calcium, Eisen, Folsäure, Kalium, Natrium, Phosphor, Provitamin A, sehr viel Vitamin A, D, eine "Bombe" an hochwertigen Aminosäuren und Senfölen.	Chinakohl besitzt verdauungsfördernde Eigenschaften, das Senföl macht ihn sehr bekömmlich.	95,6 %
Feldsalat (klein geschnitten)	Calcium, Eisen, Kalium, Phosphor, Magnesium, Provitamin A, Vitamin B1, B2, B6, C, E. Feldsalat gilt als gesündester Salat, da er von allen Salatarten den höchsten Eisen-, Provitamin A- und Vitamin C-Gehalt aufweist.	Feldsalat aktiviert Nieren und Leber und schützt vor Infektionen, wirkt nervenstärkend.	93,7 %

71

Gemüse	Haupt-Inhaltsstoffe	Wirkung	Wasser anteil
Fenchel (roh)	Biotin, Calcium, Eisen, Folsäure, Kalium, Magnesium, Phosphor, Provitamin A, Vitamin B1, B2, B12, C, E Fenchel besitzt mehr Vitamin E als alle anderen Gemüsesorten und sein Vitamin-C-Gehalt ist doppelt so hoch wie der einer Orange. Fenchel ist leicht verdaulich und kalorienarm.	Seine ätherischen Öle wirken positiv bei Magen- und Darm- störungen. Fenchel gilt als blähungshemmend, entgiftend und harntreibend.	85,4 %
Gurke / Salat- gurke (roh)	Calcium, Eisen, Folsäure, Kalium, Kiesel-, Oxalsäure, Magnesium, Phosphor, Provitamin A, Vitamin B1, C Gurken sind äußerst kalorienarm.	Gurken wirken entgiftend und haben regenerierende Eigenschaften auf die Bauchspeicheldrüse.	96,6 %
Grünkohl (blanchiert)	Calcium, Eisen, Folsäure, Kalium, Magnesium, Natrium, Phosphor, Provitamin A, Vitamin B1, B2, B3, B6, C, E Grünkohl weist von allen Kohlsorten den höchsten Gehalt an wertvollem Eiweiß und Kohlenhydraten, Vitamin B und C auf. Nach den Möhren ist er der zweitstärkste Lieferant des Provitamin A und nach Broccoli, Ro- senkohl und Paprika der viertstärkste Vitamin C-Träger aller Gemüse.	Grünkohl ist schwer verdaulich, daher sollte er blanchiert wer- den. Er wirkt blutbildend.	86,2 %
Karotte / Möhre (roh)	Biotin, Calcium, Eisen, Eiweiß, Fol- säure, Fruchtsäure, Glutamin, Kali- um, Lezithin, Magnesium, Natrium, Pektin, Provitamin A, Vitamin B1, B2, B3, B6, C, E., Zucker	Karotten wirken harntreibend, verdauungsfördernd, blutreinigend und stär- ken das Immunsystem. Pektin quellt im Verdauungstrakt schleimartig auf und schützt so die Magen- und Darmschleimhaut.	86,4 %

Gemüse	Haupt-Inhaltsstoffe	Wirkung	Wasser anteil
Kartoffeln (nur gekocht)	Ballaststoffe, Calcium, Chrom, Eisen, Eiweiß, Folsäure, Gerbstoff, Glucose, Jod, Kalium, Kobalt, Kohlenhydrate, Kupfer, Mangan, Magnesium, Niacin, Nickel, Pantothensäure, Phosphor, Selen, Stärke, Vitamin B1, B2, B6, C, E, K, Zink KEINE grünen keimenden Kartoffeln verwendet, da diese Solanin enthalten, das äußerst gesundheitsschädlich ist! Grüne Stellen, daher großzügig ausschneiden. Solanin geht beim Kochen ins Wasser über. Aus diesem Grund das Kochwasser nicht weiter verwenden!	Kartoffeln wirken sich positiv auf den Stoffwechsel und die Tätigkeit der Nervenzellen aus. Kartoffeln haben einen sehr geringen Fettanteil, sind ein guter Energielieferant und dazu glutenfrei.	77,5 %
Knollensellerie (roh + blanchiert)	Calcium, Eisen, Kalium, Magnesium, Natrium, Phosphor, Provitamin A, Vitamin B1, B2, B6, B12, C, E	Er wirkt allgemein stärkend, blutreinigend und entwässernd.	87,6 %
Kohlrabi (roh + gegart) In kleinen Mengen füttern!	Calcium, Eisen, Kalium, Magnesium, Natrium, Phosphor, Provitamin A, Senföl, Vitamin B1, B2, B6, C, Zink Kohlrabi-**Blätter** weisen im Gegensatz zur Knolle wesentlich mehr Karotin, Eiweißstoffe, Vitamine und Mineralien (Phosphor) auf. Daher können die Blätter klein geschnitten mitverwendet werden.	Kohlrabi kräftigt Knochen, Zähne und das Immunsystem, wirkt entwässernd. Ihr hoher Vitaminreichtum sorgt für Vitalität. Kohlrabi kann blähend wirken!	91,3 %
Kürbisfleisch Hokkaido-Kürbis (roh)	Calcium, Eisen, Eiweiß, Kalium, Kieselsäure, Kupfer, Magnesium, Natrium, Phosphor, Provitamin A, Selen, Vitamin B1, B2, B6, C, E, Zink Kürbisfleisch ist kalorienarm und leicht bekömmlich.	Es stärkt das Immunsystem, fördert die Verdauung und wirkt entzündungshemmend.	91,0 %

Gemüse	Haupt-Inhaltsstoffe	Wirkung	Wasser anteil
Meeresspargel / Queller	Jod, Natrium, Kalium, Magnesium, Schwefel, Calcium, Phosphor, Eisen, Zink, Mangan, Kupfer Meeresspargel ist durch seine Vielzahl an Spurenelementen, ein wertvolles Wildgemüse.	Meeresspargel eignet sich hervorragend zum Verfeinern von Speisen.	88,8 %
Paprikaschote, rot + gelb (roh)	Calcium, Eisen, Eiweiß, Kalium, Magnesium, Phosphor, Provitamin A, Vitamin B1, B2, B6, C, E	Paprikaschoten besitzen fettstoffwechsel- und verdauungsfördernde Eigenschaften. Die Haut der Paprika wird im Magen-Darmtrakt nur schwer verdaut.	89,9 %
Pastinake (gekocht)	Aminosäure, Calcium, Eisen, Eiweiß, Fett, Kalium, Pektin, Phosphor, sehr viel Provitamin A, Stärke, Vitamin B1, B2, B6, C, Zucker	Pastinaken lindern Magen- Darmbeschwerden.	80,1 %
Porree / Lauch (gegart)	Calcium, Eisen, Eiweiß, Jod, Kalium, Magnesium, Mangan, Natrium, Pektin, Phosphor, Provitamin A, Selen, Sulfide, Vitamin B1, B2, C, E, Zink Der größte Prozentsatz der Inhaltsstoffe ist in den vollgrünen Schaftblättern enthalten.	Porree / Lauch wirkt immunsystem-stärkend, fördert die Verdauung und regt den Kreislauf an.	89,6 %
Rosenkohl (gedämpft)	Calcium, Carotinoide, Eisen, Eiweiß, Folsäure, Kalium, Magnesium, Mangan, Natrium, Phosphor, Vitamin A, B1, B2, B6, C, E, K Rosenkohl verfügt über den höchsten Vitamin C-Gehalt aller Gemüse (doppelt so viel als die Orange und die 15fache Menge als Schnittlauch).	Rosenkohl dient der Blutgerinnung.	84,8 %

🐾 Obst-Sortiment

Obst	Haupt-Inhaltsstoffe	Wirkung	Wasser anteil
Ananas	reich an Calcium und Eisen, Chlorid, Jod, Kalium, Kupfer, Magnesium, Mangan, Natrium, Provitamin A, Vitamin B1, B2, B3, B5, B6, C, Zink, Zucker Ananas ist kalorienarm und leicht verdaulich.	Sie wirken verdauungs- und stoffwechselfördernd. Wichtig: Wegen ihres hohen Säuregehaltes sollte Ananas nicht in größeren Mengen und nicht zu oft verfüttert werden.	84,5 %
Apfel	Calcium, Eisen, Flavonoide, Gerbstoffe, Jod, Kalium, Magnesium, Pektin, Phosphor, Vitamin A, B1, B2, B6, C, E, mehrere Zuckerarten Äpfel sind kalorienarme Sattmacher und gelten wegen ihres Fruchtsäuregehalts auch als "Zahnbürste der Natur".	Äpfel regulieren die Darmtätigkeit. Das Pektin bindet Giftstoffe im Darm und sorgt für ihre rasche Ausscheidung.	84,8 %
Apfelsine / Orange	Antioxidantien, Aromastoffe, Bitter- und Gerbstoffe, Calcium, Eisen, Flavonoide, Folsäure, Fruchtzucker, Kalium, Magnesium, Phosphor, Silizium, Vitamin A, B, C, E	Der hohe Vitamin C-Gehalt stärkt das Bindegewebe und begünstigt die Neubildung körpereigener Eiweiße. Wegen ihres sehr hohen Säuregehaltes, nur in kleinen Mengen füttern!	86,0 %
Aprikose	Calcium, Eisen, Eiweiß, Folsäure, Kalium, Kobalt, Kupfer, Niacin, Pantothensäure, Phosphor, Folsäure, Provitamin A, Vitamin B5, C Trockenaprikosen haben einen deutlich höheren Provitamin A-Gehalt als anderer Früchte.	Aprikosen wirken positiv auf Haut, Fell, Krallen. Folsäure regt die Blutbildung und Zellerneuerung an. Vorsicht: Samen enthalten Blausäure.	86,1%

Obst	Haupt-Inhaltsstoffe	Wirkung	Wasser anteil
Banane	Calcium, Eisen, Fluor, Folsäure, Fruchtzucker, Jod, Kalium, Magnesium, Mangan, Niacin, Phosphor, Pantothensäure, Provitamin A, Seratonin, Traubenzucker, Tryptophan, Vitamin B1, B2, B3, B6, B12, C, E, H, Zink Bananen verfügen über den höchsten Kalium- und Kohlenhydratgehalt aller Früchte. Sie enthalten als einzige Obstsorte alle Nervenvitamine des B-Komplexes in reicher Form.	Bananen sind sehr stärkehaltig und sättigend, helfen oft bei Durchfall. Sie sind ausgereift und optimal wirksam, wenn ihre Schale dunkelgelb mit braunen Flecken ist! Wichtig: Zu viele Bananen können zu Verstopfung führen.	74,0 %
Birne	Calcium, Eisen, Jod, Kalium, Kieselsäure, Kupfer, Magnesium, Mangan, Natrium, Phosphor, Selen, Vitamin A, B2, C, Zink	Birnen sättigen sehr schnell, stärken das Nervensystem. Ihr hoher Kaliumgehalt wirkt entwässernd, blutreinigend, verdauungsfördernd.	84,1 %
Brombeere	Ballaststoffe, Calcium, Eisen, Flavonoide, Fruchtzucker, Magnesium Mangan, Oxalsäure, Pektin, Provitamin A, Vitamin B, C Brombeeren sind die stärksten Provitamin A-Spender aller Früchte. Sie sind wahre Vitamin-Bomben.	Brombeeren wirken entzündungshemmend, verdauungsfördernd, blutreinigend.	86,8 %
Dattel	Ballaststoffe, Biotin, Calcium, Invertzucker, Kalium, Kupfer, Magnesium, Natrium, Phosphor, Vitamin A, B1, B2, B6, B12, D, K, Zink Ihr Calcium- und Kaliumgehalt ist doppelt so hoch wie bei der Banane!	Datteln wirken nervenstärkend und verdauungsfördernd. Sie gelten als rascher und langanhaltender Energiespender. Sehr zuckerhaltig und nicht zur täglichen Fütterung geeignet!	21,0 %

78

Obst	Haupt-Inhaltsstoffe	Wirkung	Wasser anteil
Erdbeere	Calcium, Eisen, Flavonoide, Fluor, Folsäure, Kalium, Magnesium, Mangan, Natrium, Pektin, Phosphor, Provitamin A, Vitamin B1, B2, C, E Erdbeeren besitzen nach der Schwarzen Johannisbeere den höchsten Vitamin C-Gehalt unter den heimischen Früchten. Sie gelten als stärkster Mangan-lieferant.	Erdbeeren wirken ent-giftend und entzündungshemmend, stoppen Durchfall, beschleunigen die Wund-heilung, stärken das Immunsystem und den Stoffwechsel, sind gut gegen Blutarmut, wirken positiv auf Augen und Fell.	90,0 %
Feige	Aminosäure, Ballaststoffe, Biotin, Bor, Calcium Eisen, Invertzucker, Kalium, Magnesium, Phosphor, Proteine, Provitamin A, Vitamin B1, B2, C, K Der Vitamin C-Anteil bei Feigen ist jedoch sehr gering.	Feigen haben eine sättigende, immun-systemstärkende entgiftende, die Darm-peristaltik antreibende Wirkung.	81,0 %
Granatapfel	Calcium, Eisen, Invertzucker, Kalium, Phosphor, Polyphenole, Vitamin B1, B2, C, K Der Vitamin C-Gehalt ist jedoch geringer als oft angenommen.	Granatäpfel wirken herz-, kreislauf- und nervenstärkend.	79,2 %
Grapefruit	Beta-Carotin, Bio-Flavonoide, Calcium, Folsäure, Fruchtsäure, Kalium, Magnesium, Pektin, Phosphor, Spurenelemente, Vitamin B, C Die reichlichen Bio-Flavonoide können die Wirksamkeit des Vitamin C bis zum 20fachen erhöhen.	Grapefruit wirkt sich positiv auf das Immunsystem und die Blutgefäße aus.	88,6 %
Heidelbeere	Calcium, Eisen, Flavonoide, Gerb-stoffe, Invertzucker, Kalium, Magne-sium, Mangan, Natrium, Oxalsäure, Phosphor, Provitamin A, Vitamin B1, B2, B6, C, E	Heidelbeeren wirken entzündungshemmend und helfen bei Verdau-ungsbeschwerden.	84,0 %

Obst	Haupt-Inhaltsstoffe	Wirkung	Wasser anteil
Himbeere	Calcium, sehr viel Eisen, Flavonoide, Fruchtzucker, Kalium, Magnesium, Niacin, Oxalsäure, Pektin, Phosphor, Provitamin A, Vitamin B1, B2, B6, C, E Es steht die Aussage (auch im Humanbereich!): Krebszellen mögen keine Himbeeren!	Durch den hohen Vitamin C-Anteil wirken sie blutbildend, entgiftend, regen den Fettstoffwechsel an, stärken Abwehrkräfte und Kreislauf.	84,9 %
Johannisbeere rot, schwarz, grünlich-weiß	Ballaststoffe, Biotin, Bor, Calcium, Eisen, Flavonoide, Fruchtsäure, Kalium, Magnesium, Pektin, Phosphor, Provitamin A, Vitamin B1, C Die schwarzen Johannisbeeren besitzen den höchsten Pektin- und Eisengehalt aller Beerenfrüchte und haben den höchsten Vitamin C-Gehalt aller heimischen Obstsorten und kaum Kalorien.	Johannisbeeren sind gesundheitsfördernd, wirken entzündungshemmend und schmerzlindernd.	85,0 %
Kirsche	Calcium, Flavonoide, Folsäure, Gerbstoffe, Kalium, Kieselsäure, Magnesium, Methyl-Salicylsäure, Natrium, hoher Eisen- und Phosphorgehalt, Provitamin-A, Vitamine B1, B2, B6, C, E, Zucker Süßkirschen sind kalorien- und vitaminhaltiger als Sauerkirschen.	Kirschen wirken regenerierend. Aufgrund ihres hohen Anteils an Methyl-Salicylsäure besitzen frische Kirschen schmerzlindernde Eigenschaften.	82,0 %
Kiwi	Calcium, Eisen, Kalium (mehr als Bananen), Folsäure, Fruchtsäure, Magnesium, Phosphor, Seratonin, Spurenelemente, Traubenzucker, Vitamin A, B,C, D, E Kiwis haben dreimal mehr Vitamin C als Zitrusfrüchte. Wichtig: Wegen des erhöhten Vitamin C- und Säuregehaltes: Vorsicht bei Hunden mit Magenproblemen.	Sie wirken appetitanregend, stärken das Immunsystem und beschleunigen den Stoffwechsel. Sie sind in der Lage Gefäße und Bindegewebe zu festigen und die Muskeltätigkeit zu stimulieren.	83,7 %

Obst	Haupt-Inhaltsstoffe	Wirkung	Wasser anteil
Mandarine	Antioxidantien, Bitter- und Gerbstoffe, Calcium, Eisen, Kalium, Magnesium, Pantothensäure, Phosphor, Provitamin A, Rutin, Vitamin B, C, Zucker Mandarinen haben das süßeste Aroma aller Zitrusfrüchte und sind ein großer Vitamin-C-Lieferant.	Ihr Verzehr stärkt die Blutgefäße, fördert den Blutfluss, wirken positiv auf das Herz- und Kreislaufsystem. Aufgrund des hohen Säuregehaltes nur in kleinen Mengen füttern!	87,0%
Mango	Biotin, Calcium, Eisen, Folsäure, Jod, Kalium, Magnesium, Phosphor, Provitamin A, Vitamin B1, B6, C, E Mango zählen bei den Früchten zu den stärksten Provitamin A-Quellen.	Mangos wirken verdauungsfördern, revitalisieren Haut und Knochen, beruhigen den Kreislauf und bringen die Nervenbotenstoffe auf Trab. Spezielle Biostoffe sorgen dafür, dass Fette im Körper besser transportiert und in den Körperzellen verbrannt werden.	83,3%
Melone	Biotin, Bitter- und Gerbstoffe, Calcium, Eisen, Fluor, Fruchtsäure, Fruchtzucker, Jod, Kalium, Magnesium, Niacin, Nickel, Phosphor, Provitamin A, Vitamin B1, B2, B6, C Zuckermelonen, z.B. Galia- oder Cantaloupe-Melonen haben ein zuckerhaltiges Fruchtfleisch und einen wesentlich höheren Vitamin- und Mineralstoffgehalt als Wassermelonen.	Wassermelonen wirken entwässernd stuhlregulierend und nierenreinigend.	94,0 %
Mirabelle	Calcium, Eisen, Fluor, Fruchtsäure, Fruchtzucker, Kalium, Magnesium, Phosphor, Provitamin A, Vitamin B1, B2, C, E	Frisch verzehrt sind sie relativ reich an Kalium, das wichtig für die Funktion von Herz und Nerven ist.	82,7 %

Obst	Haupt-Inhaltsstoffe	Wirkung	Wasser anteil
Nashi-Birne	Calcium, Eisen, Kalium, Phosphor, Provitamin A, Vitamine B, C	Die Nashi-Birnen wirken verdauungs-fördernd und haben ein saftiges, erfrischendes Frucht-fleisch.	85,6 %
Nektarine	Fruchtsäuren, Kalium, Provitamin A, Vitamin B,C Vorsicht: Samen enthalten Blausäure!	Sie wirken entgiftend, sowie blutreinigend	80,0 %
Pfirsich	Calcium, Eisen, Kalium, Natrium, Niacin, Phosphor, Provitamin A, Vitamine B1, B2, C, E Vorsicht: Samen enthalten Blausäure!	Pfirsiche fördern die Verdauung und regen die Nierentätigkeit an, regulieren den Stoffwechsel. Sie sind gut für Fell und Augen.	88,0 %
Pflaume / Zwetschge	Calcium, Eisen, Flavonoide, Frucht-säure, Kalium, Pektin, Phosphor, Provitamin A, Rutin, Vitamin B1, B2, C, E, Zink Vorsicht: Samen enthalten Blausäure!	Die Inhaltsstoffe unter-stützen Leber und Nie-ren, wirken mild abfüh-rend und stärken das Nervensystem. Pflaumen/Zwetschgen enthalten weniger Zucker als man erwartet.	79,5%
Preiselbeere	Calcium, Eisen, Flavonoide, Gerb-stoffe, Pektin, Phosphor, Provitamin A, Vitamin B1, C	Preiselbeeren haben magen- und darm-stärkende Eigen-schaften. Nur in geringen Men-gen geben, verursacht sonst Durchfall.	90,0%

Alle Obstsorten können wahlweise auch mit Gemüse zusammen gefüttert werden. Die angegebenen Inhaltsstoffe / Wasseranteile beziehen sich immer auf das frische Obst. Durch Trocknen / Dörren oder Kochen kann ein Teil der Inhaltsstoffe verloren gehen.

Der Wasseranteil wurde von mir selbst errechnet!

🐾 Kräuter-Sortiment - Wildkräuter / Küchenkräuter

Kräuter	Haupt-Inhaltsstoffe	Wirkung / Anmerkung
Basilikum (Blätter u. Stängel)	Calcium, Flavonoide, Gerbstoffe Glycoside, Kalium, Karotinoide, Magnesium, Provitamin A, Vitamine B, C Mit seinem durchschnittlichen Eisengehalt zählt Basilikum zu den größten Eisenlieferanten.	Basilikum wirkt beruhigend, schmerzlindernd, stark antibiotisch, appetitanregend, harntreibend, allgemein stärkend und blutbildend.
Bärlauch gehört zu den Lauchgewächsen, daher nur in kleinen Mengen füttern!	Allicin, Chlorophyll, Eisen, schwefelhaltige ätherische Öle, Magnesium, Mangan, Vitamin C	Bärlauch aktiviert das Immunsystem, entlastet den Stoffwechsel, kurbelt die Blutzirkulation und Blutbildung an, hat eine normalisierende Wirkung auf Darmflora und Kreislauf.
Bohnenkraut	Carvacrol, Cymol, Gerbstoffe, Harze, Phenole, Schleim, Tannine, Vitamin C	Bohnenkraut wirkt appetitanregend, verdauungsfördernd und helfen bei Blähungen und Durchfall. Am besten kurz vor der Blüte ernten.
Borretsch	Calcium, ätherische Öle, Gamma-Linolsäure, Gerbstoff, Kalium, Kieselsäure, Saponine, Schleimstoffe, Tannin, Vitamin C	Borretsch wirkt herz- und nervenstärkend, harntreibend, schmerzlindernd und anti-rheumatisch, regt den Stoffwechsel an, ist blutreinigend und juckreizstillend. Vor der Verwendung im Backofen dämpfen!
Brombeerblätter (nur getrocknet)	Gerbstoffe, Flavonoide, Triterpensäuren, Zitronensäure	Brombeerblätter helfen bei Durchfallerkrankungen, aber auch bei Atemwegsproblemen. Keine bodennahen Blätter verwenden, es besteht die Gefahr des Fuchsbandwurmbefalls. Blätter 50 cm vom Boden können bedenkenlos verwendet werden.

Kräuter	Haupt-Inhaltsstoffe	Wirkung / Anmerkung
Brunnenkresse	Bitterstoffe, Calcium, Eisen, Jod, Kalium, Magnesium, Mangan, Niacin, Phosphor, Provitamin A, Schwefelverbindungen, Senföl, Vitamin, B1, B2, B6, C, D, E Kresse enthält die doppelte Menge an Vitamin A und C als Feldsalat.	Brunnenkresse wirkt appetit-anregend, blutreinigend, harntreibend, verdauungsfördernd und stoffwechselbegünstigend. Aufgrund ihres hohen Jodgehalts wirkt sie sich positiv auf die Schilddrüse aus.
Dill	Anethol, Calcium, Carvelo, Eisen, Gerbstoffe, Harz, Jod, Kalium, Karotinoide,Magnesium, Natrium, Phellandren, Phosphor, Schleim, Schwefel, Terpinen, Vitamin C, Zink Sein hoher Mineralstoffgehalt und Anteil an Karotinoiden wird von keiner anderen Pflanze übertroffen.	Dill hat verdauungsfördernde, magenstärkende, entkrampfende und entzündungshemmende Eigenschaften. Die ganze Pflanze sowie der Samen (im Mörser zerkleinert) können verfüttert werden.
Estragon	Bitterstoffe, Calcium, Cumarine, Eisen, Fluor, Gerbstoffe, Harze, Jod, Kalium, Magnesium, Ocimen, Phellandren, Provitamin A, Vitamin B, C	Estragon besitzt verdauungsför-dernde, appetitanregende, Widerstandskraft stärkende krampflösende sowie harn- und wurmtreibende Eigenschaften.
Gänseblümchen (frisch ohne Stängel) In kleinen Mengen füttern!	Anthoxanthin, Bitterstoffe, Calcium, ätherische Öle, Flavonoide, Saponine, Weinsäure, Vitamin C	Die Inhaltsstoffe sind der Stabilisation der Knochen und des Immunsystems zuträglich. Sie wirken schmerzlindern, stoffwechsel-anregend, krampflösend, blut-reinigend und allgemein stärkend.
Himbeerblätter	Gerbstoffe, Flavonoide, organische Säuren, Tannin, Vitamin C	Himbeerblätter wirken entzündungshemmend und schmerzstillend, sowie gegen Durchfall-erkrankungen. Gefahr des Fuchsbandwurmes – siehe Brombeeren. Blätter vor der Blüte pflücken, evtl. trocknen.

Kräuter	Haupt-Inhaltsstoffe	Wirkung / Anmerkung
Ingwer (roh)	Aminosäure, ätherische Öle, Calcium, Eisen, Gingerol, Harzsäuren und neutrales Harz, Kalium, Magnesium, Natrium, Sesquiphellandren, Shogaol, Stärke, Phosphor, Provitamin A, Vitamin B	Seine Inhaltsstoffe wirken bei Magen-Darm-Problemen. Er hat appetit-, kreislauf- und stoffwechselbeschleunigende Eigenschaften.
Kamille (Kraut und Blüten)	Cholin, Cumarine, Flavonoide, Fructose, Glykoside, Schleimstoffe	Echte Kamille haben antibakterielle, verdauungsfördernde, krampflösende sowie wundheilende, entzündungshemmende, schmerzlindernde Eigenschaften. Bei Durchfall nicht anwenden!
Kerbel	Bitterstoffe, Calcium, Cholin, Eisen, Flavonoide, Fructose, Harze, Karotin, Magnesium, Nitrat, Salicylsäure, Vitamin C	Kerbel entgiftet, regt den Stoffwechsel an, wirkt blutreinigend und verdünnend.
Knoblauch In kleinen Mengen füttern!	Allicin, Aminosäuren, Calcium, Eisen, Fette, Inulin, Jod, Kieselsäure, Magnesium, Phosphor, Provitamin A, Schwefel, Selen, Sulfate, Vitamin B1, B2, C	Knoblauch fördert die Eiweiß- und Fettverdauung, stärkt die Abwehrkräfte, indem er das Immunsystem anregt Antikörper zu bilden und erhält die gesunde Darmflora. Er hat desinfizierende Eigenschaften und wirkt gegen Parasiten.
Koriander	Apfelsäure, Coriandrol, Cumarine, Eiweiß, Flavonoide, Gerbstoffe, Phellandrene, Tannin, Vitamin C	Koriander ist appetitanregend, krampflösend und lindert Magen-Darmbeschwerden.
Kümmel	Carvon, Eiweiß, ätherisches Öl, Fettsäuren, Flavonoide, Gerbstoffe Harze, Kaliumoxalat, Kieselsäure, Vitamin C	Kümmel besitzt appetitanregende, krampfösende und verdauungsfördernde Eigenschaften und hilft bei Blähungen.
Liebstöckel	Cumarin, Fette, Harze, Invertzucker, Kampfer, Säuren, Schleime, Vitamin C	Liebstöckel besitzt stoffwechselanregende, blähungswidrige und harntreibende Eigenschaften.

85

Kräuter	Haupt-Inhaltsstoffe	Wirkung / Anmerkung
Löwenzahn (Blätter u. Wurzeln, bei jungen Pflanzen nur die Stiele)	Ätherische Öle, Bitterstoffe, hoher Calcium-, Eisen-, Kalium, Mangan- und Phosphorgehalt, Cholin, Flavonoide, Fructose, Gerbstoffe, Harz, Kalium, Kieselsäure, Lutein, Magnesium, Pektin, Provitamin A, Schwefel, Vitamin B,C, D, E Löwenzahn gilt als bedeutendster Provitamin-A-Lieferant seine Vitamin-E- und Kaliumgehalte, liegen ebenso deutlich über dem Durchschnitt.	Er hat appetit-, stoffwechsel-, verdauungsanregende und blutreinigende Eigenschaften.
Majoran	Borneol, Calcium, Carvacrol, Kampfer, Terpineol, Vitamin C	Majoran wirkt harntreibend, entzündungshemmend, verdauungsfördernd.
Minze	Betain, Cholin, Cineol, Eisen, Flavonoide, Karotinoide, Menthol, Tannin, Vitamin B1, B2, B6, B9, C, E, Zink	Die Minze hat antibakterielle, harntreibende Eigenschaften und beruht auf ihrem hohen Gehalt an ätherischen Ölen. Sie ist hilfreich bei Blähungen, Durchfall und Verstopfungen.
Oregano	Carvacrol, Gerbstoffe, Harze, Phenole, Terpine, Thymol, Vitamin C	Oregano hat nicht nur appetitanregende, entzündungshemmende und verdauungsfördernde Eigenschaften, er gilt auch als "Bakterienkiller".
Petersilie	Calcium, Chlorophyll, Eisen, Eiweiß, Flavonoide, Folsäure, Kalium, Kampfer, Magnesium, Mangan, Phosphor, Provitamin A, Vitamin B1, B2, C Der Vitamin-C-Reichtum wird (außer von der Paprikaschote) von keinem anderen Gemüse oder Würzkraut übertroffen, auch ihr Provitamin A-Gehalt ist am höchsten.	Petersilie wirkt appetit- und verdauungsanregend, blutreinigend, immunsystemstärkend, schleimlösend und harntreibend.

Kräuter	Haupt-Inhaltsstoffe	Wirkung / Anmerkung
Pfefferminze In kleinen Mengen füttern!	Eisen und Zink, die Vitamine B1, B2, B6, B9, C und E, wie auch Menthol	Sie hat eine antibakterielle und erfrischende Wirkung, hilft bei Blähungen, Durchfall und Verstopfung und auch bei Mundgeruch.
Pimpinelle	Ätherisches Öl, Bitterstoffe, Eiweiß, Gallussäure, Gerbsäure, Gerbstoff, Harz, Kampferol, Saponin, Stärke, Vitamin C, Zucker	Ihre Inhaltsstoffe wirken blutreinigend, appetitanregend und verdauungsfördernd.
Rosmarin	Antioxidantien, Bitterstoffe, Borneol, Cineol, Flavonoide, Gerbstoffe, Harze, Kampfer, Rosmarinsäure, Saponine	Rosmarin unterstützt die Fettverdauung sowie die Blutzirkulation.
Salbei	Bitterstoffe, Borneol, Cineol, Flavonoide, Gerbstoffe, Glykoside, Harze, Kampfer, Saponine, Tannine	Nur der echte Salbei wirkt appetitanregend, blutreinigend, krampf- und schmerzstillend. Er wirkt antibakteriell und kann daher gegen Parasiten eingesetzt werden.
Schnittlauch gehört zu den Zwiebelgewächsen daher nur in kleinen Mengen füttern!	Calcium, Eisen, Eiweiß Fett, Folsäure, Kalium, Natrium, Niacin, Pektin, Phosphor, Provitamin A, schwefelhaltiges Lauch- und Senföl, Sulfate, Vitamin B1, B2, C	Schnittlauch besitzt eine appetitanregende, blutbildende, harntreibende und magenstärkende Wirkung.
Thymian	Bitterstoffe, Borneol, Calcium, Eisen, Flavonoide, Gerbstoffe, Harze, Saponine, Tannin, Thymol	Thymian wirkt verdauungsfördernd, entzündungshemmend. Durch seinen Inhaltsstoff Thymol wirkt er bakterientötend.
Zitronenmelisse In kleinen Mengen füttern!	Citral, Citronellal, Cumarin, Flavonoide, Gerbstoffe, Harze, Linalool, Nereal, Terpene, Vitamin C Melisse hat den höchsten Anteil an ätherischen Ölen.	Melisse wirkt schmerzlindernd, verdauungsfördernd, herz- und kreislaufstärkend.

🐾 Öl-Sortiment

Pflanzenöle

Öl	Haupt-Inhaltsstoffe	Wirkung / Anmerkung
Borretsch-samenöl	Linolsäure ca. 35 %, Gamma-Linolensäure ca.20 - 25 % Ölsäure ca. 19 % gesättigte Fettsäuren ca. 15 % Fettbegleitstoffe ca. 1,5 % Gerbstoffe, Kaliumnitrat, Saponin, Schleimstoffe, Vitamin C	Borretschöl stärkt das Immun-system, wirkt juckreizlindernd und entzündungshemmend. Es ist reich an Omega-6-Fettsäuren und sollte daher nicht zu oft gefüttert werden.
Distelöl	Linolsäure ca. 78 %, Ölsäure ca. 13 %, gesättigte Fettsäuren ca. 9 %, Fettbegleitstoffe: Vitamin A, E ca. 0,5 - 1,5 % Es hat den höchsten Anteil an Li-nolsäure (78 %)	Distelöl kann den Stoffwechsel positiv beeinflussen. Es wirkt bei stumpfem oder brüchigem Fell, bei Ekzemen oder Hautausschlag. Es hat ein schlechtes Omega-6 zu Omega-3-Verhältnis - daher nicht zu oft füttern!
Hanföl	Linolsäure ca. 54 %, Alpha-Linolensäure ca. 17 %, Gamma-Linolensäure ca. 4 %, Ölsäure ca. 13 %, gesättigte Fettsäuren ca. 10 %, Fettbegleitstoffe 0,5 - 1 %	Seine Fettsäuren fördern den Auf-bau neuer Zellstrukturen, sind ideal für Erhaltung und Aufbau des Im-munsystems und unterstützen die Funktion des Nervensystems. Hanföl hat ein optimales Omega-6 zu Omega-3-Verhältnis!
Haselnussöl	Ölsäure ca.78 - 90 %, Linolsäure ca. 3 - 14 %, gesättigte Fettsäuren ca. 13-8 % Fettbegleitstoffe 0,5 - 0,7 % Calcium, Eiweiß, Mangan, Vitamin B, E	Haselnussöl hat gewebe-festigende Eigenschaften. Bei allergischen Reaktionen auf Haselnüssen, sollte das Öl nicht verfüttert werden!
Kokosöl / Kokosfett	Gesättigte Fettsäuren ca. 65 % davon vor allem Laurinsäure ca. 45 %, Ölsäure ca. 2 - 11 %, Fettbegleitstoffe ca. 1 % Kokosöl ist ein Fett <u>kein</u> Öl! das bei einer Temperatur von 24 °C schmilzt.	Die in der Kokosnuss enthaltene Laurinsäure stärkt das Immunsys-tem und hilft dem Körper, sich ge-gen Krankheiten selbst zu wehren. Es kann in Form von Kokosöl oder Kokosraspel gut als Wurmprophy-laxe und gegen Zecken, Flöhe, Läuse, Milben gefüttert werden.

Öl	Haupt-Inhaltsstoffe	Wirkung / Anmerkung
Kürbiskernöl	Linolsäure ca. 40 - 50 % Ölsäure ca. 30 - 50 % Gesättigte Fettsäuren ca.10 - 20 % Fettbegleitstoffe 1,5 - 3 %, Calcium, Kalium, Kupfer, Magnesium, Mangan, Phosphor, Selen, Vitamine A, B1, B2, B6, C, D, E, Zink	Kürbiskernöl beeinflusst positiv die Harnwegsorgane. Durch seine Kombination aus verschiedenen fettlöslichen Vitaminen und den ungesättigten und mehrfach ungesättigten Fettsäuren, zählt das Kürbiskernöl zu einem der gesündesten Pflanzenöle.
Leinöl	Alpha-Linolensäure ca. 58 %, Ölsäure ca. 17 % Linolsäure ca. 15 % Gesättigte Fettsäuren ca. 10 % Fettbegleitstoffe ca. 2 %, Eisen, Kalium, Kalzium, Magnesium, Zink, Jod, Kupfer, Natrium, Provitamin A, Vitamin B1, B2, B6, C, D, E, K	Leinöl stärkt und pflegt das Gefäßsystem und verschafft den roten Blutkörperchen "freie Fahrt", wirkt entzündungshemmend und schmerzstillend.
Nachtkerzenöl	Linolsäure ca. 67 %, Gamma-Linolensäure ca.8 - 14 % Ölsäure ca. 11 %, gesättigte Fettsäuren ca. 8 %, Fettbegleitstoffe 1,5 - 2,5 %; Vitamin E	Die Gamma-Linolensäure ist notwendiger Bestandteil der Hautzellen, wichtig für die Bildung entzündungshemmender und juckreizstillender Botenstoffe. Nachtkerzenöl hat mehr Omega-6- als Omega-3-Fettsäuren. Man muss darauf achten, dass der Hund durch andere Öle genügend Omega-3-Fettsäuren erhält.
Rapsöl	Ölsäure ca. 60 %, Linolsäure ca. 19 %, Alpha-Linolensäure ca. 9 %, gesättigte Fettsäuren ca. 13 %, Fettbegleitstoffe bis 1,5 %, unter anderem Carotin, Provitamin A, Vitamin E, K	Rapsöl wirkt sich stärkend auf das Immunsystem aus. Es besitzt ein gutes Omega-6- zu Omega-3-Verhältnis und ist gut für die Fütterung geeignet!

Öl	Haupt-Inhaltsstoffe	Wirkung / Anmerkung
Schwarzkümmelöl	Linolsäure ca. 50 - 60 %, Ölsäure ca. 20 - 25 %, gesättigte Fettsäuren ca. 15 %, Alpha-Linolensäure bis 1 % Fettbegleitstoffe 0,5 - 1 %, vor allem ätherisches Öl, des Weiteren Calcium, Eisen, Eiweiß, Magnesium, Selen, Vitamine B1, B2, B6, E, Zink	Durch seinen hohen Anteil an mehrfach ungesättigten Fettsäuren hat es anti-allergische und entzündungshemmende Eigenschaften. Es stärkt die Schleimhaut des Darms und das Immunsystem. Es enthält mehr Omega-6- als Omega-3-Fettsäuren und sollte nicht zu oft gefüttert werden.
Sesamöl	Ölsäure ca. 42 - 50 %, Linolsäure ca. 38 - 44 %, gesättigte Fettsäuren ca. 14 %, Alpha-Linolensäure bis 1 % Fettbegleitstoffe, Calcium, Eiweiß, Vitamine B1, B2, B6, E	Die enthaltene Linolsäure ist für den Aufbau der Zellwände unabkömmlich. Weiterhin fördert es die Durchblutung. Sesamöl enthält viele Omega-6-Fettsäuren, daher nicht zu oft füttern!
Sonnenblumenöl	Linolsäure ca. 20 - 77 % abhängig von der Temperatur beim heranwachsenden Pflanze, Ölsäure ca. 24 - 40 % Gesättigte Fettsäuren ca. 12 % Fettbegleitstoffe 0,5 - 1,5 %; unter anderem hoher Vitamin E-Gehalt, Carotinoide, Lecithin, Phytosterole	Sein hoher Vitamin-E-Gehalt unterstützt die regulierenden Wirkungen der Linolsäure. Sonnenblumenöl stärkt das Immunsystem des Darms und regeneriert seine Schleimhaut.
Walnussöl	Linolsäure ca. 47 - 72 %, Ölsäure ca. 20 %, Alpha-Linolensäure 3 - 16 % gesättigte Fettsäuren ca. 8 %, Fettbegleitstoffe 0,2 - 0,4 %; Vitamin A, B, B1, B2, B6, E	Walnussöl kurbelt den Stoffwechsel an. Zu seinen Besonderheiten gehört die Kombination aus Linolsäure, Alpha-Linolensäure, dem Vitamin-B-Komplex und Vitamin E. Walnussöl hat ein optimales Omega-6- zu Omega-3-Verhältnis.

Fischöle

Öl	Haupt-Inhaltsstoffe	Wirkung / Anmerkung
Dorschöl	gesättigte und ungesättigte Fettsäuren, Vitamin A, D	Dorschöl ist reich an den wichtigen Omega-3-Fettsäuren. Es ist entzündungshemmend und sorgt für ein glänzendes, gesundes Fell und stabile Gelenke.
Krillöl Meine besondere Empfehlung!	Omega-3-Fettsäuren, die im idealen Verhältnis zu den Omega-6-Fettsäuren stehen, Antioxidantien.	Krillöl, aus dem Antarktischen Krill extrahiertes Öl, wirkt sich positiv auf Magen, Darm, den Fettstoffwechsel und das Nervensystem aus. Es weist einen höheren Omega-3-Anteil als Fischöle oder pflanzliche Öle auf. Besonders das Verhältnis zu Omega-6-Fettsäuren ist beim Krillöl besonders günstig.
Lachsöl	Omega-3-Fettsäuren: Alpha-Linolensäure, Vitamin E	Lachsöl fördert die vitalen Körperfunktionen auf positive Weise und ist besonders geeignet für Hunde mit Haut- und Fellproblemen wie z.B. bei Haarausfall, Juckreiz, Schuppen und stumpfem Fell.
Lebertran	Calcium, Jod, Kalium, Phosphor, Schwefel, ungesättigten Fettsäuren, sowie eine hohe Konzentration an Vitamin A, D, E	Lebertran enthält die wertvollen Omega-3-Fettsäuren und eine hohe Dosis Vitamin A. Das Vitamin ist notwendig für das Wachstum von Haut und Zellen, aber eine dauerhafte Überdosierung schadet dem Körper. Mit Vitamin D versorgt der Körper die Skelettmuskulatur, das Herz-Kreislauf-System sowie das Immunsystem.

🐾 Milchprodukte-Sortiment

Milchprodukt	Haupt-Inhaltsstoffe	Wirkung / Anmerkung
Buttermilch	Aminosäuren, niedriger Fettgehalt von max. 1 %, Calcium, Chlorid, Folsäure, Eiweiß, Kalium, Phosphor, Schwefel, Vitamin B2, B5, B6, B12	Es ist ein Nebenprodukt bei der Butterherstellung. Buttermilch wirkt positiv auf die Darmflora und das Immunsystem. Wird von den Hunden gern gefressen und gut vertragen.
Dickmilch (Sauermilch)	Aminosäuren, Calcium, Chlorid, Eisen, Eiweiß, Fett (je nach Fettstufe 1,5-10 %), Folsäure, Kalium, Natrium, Phosphor, Schwefel, Vitamin B2, B12, C	Sie ist dickflüssiger als Vollmilch und schmeckt sauer. Dickmilch wirkt sich positiv auf die Darmflora aus.
Feta	Aminosäuren, Calcium, Chlorid, Eiweiß, Folsäure, Kalium, Kochsalz, Jodid, Natrium, Phosphor, Schwefel, Vitamin B2, B12, E	Feta ist ein drucklos ausgemolkter Salzlakenkäse, aus Kuh-, Schafs- oder Ziegenkäse hergestellt. Wegen des Salzgehaltes nur in geringen Mengen füttern.
Hüttenkäse (Körniger Frischkäse)	Aminosäuren, Calcium, Chlorid, Eiweiß, Folsäure, Kalium, Natrium, Phosphor, Schwefel, Vitamin B2, B12	Hüttenkäse ist eine Frischkäsesorte mit körniger Struktur. Er enthält wenig Fett, aber leicht verdauliches Eiweiß, daher ist er die optimale Zugabe zum Futter. Sehr beliebt und gern gefressen!
Käse	Aminosäuren, Calcium, Chlorid, Eiweiß, Fluorid, Fett (je nach Fett in der Trockenmasse), Kalium, Natrium, Phosphor, Schwefel, Vitamin B2, B12, D	Sein hoher Fettgehalt und das Lab, das zur Käseherstellung eingesetzt wird, können zu Durchfall führen. Daher Käse in Maßen füttern!
Kefir	Aminosäuren, Calcium, Chlorid, Eiweiß, Folsäure, Kalium, Phosphor, Schwefel, Vitamin B2, B12, C, K	Kefir beeinflusst positiv die Darmflora und insgesamt die Gesundheit des Organismus.
Naturjoghurt	Aminosäuren, Calcium, Kalium, Fett (je nach Gehalt: 0,5 - 3,5%, Sahnejoghurt 10%), Phosphor, Magnesium, Vitamin B2, E	Seine Sauermilchbakterien sind wichtig für eine gesunde Darmflora. Naturjoghurt ist sehr bekömmlich und leicht verdaulich. Naturjoghurt ist sehr verträglich.

Milchprodukt	Haupt-Inhaltsstoffe	Wirkung / Anmerkung
Magermilch	Aminosäuren, Calcium, Eisen, Eiweiß, Kalium, Magnesium, Natrium, Phosphor, Vitamin B1, B2, B6, C	Magermilch ist entrahmte Milch mit einem niedrigen Fettanteil (0,1 bis 0,5%). In der Hundeküche kann man sie gelegentlich verwenden, aber: **Milch gehört nicht als Wasserersatz in den Hundenapf!**
Mascarpone	Aminosäuren, Calcium, Chlorid, Eiweiß, Fett, Folsäure, Jodid, Kalium, Phosphor, Vitamin A, B2, B12, E	Mascarpone ist ein milder, cremiger Doppelrahm-Frischkäse. Die normale Mascarpone weißt in der Regel einen Fettanteil von 89 % in der Trockenmasse (i.Tr.) auf. Für die Hundeküche geeignet, weniger im Hundenapf!
Schlagsahne	Aminosäuren, Calcium, Chlorid, Eiweiß, Folsäure, Kalium, Phosphor, Schwefel, Vitamin A, B12, C, D, E	Sahne hat einen Fettgehalt von ca. 30 %. In der Hundeküche kann sie gelegentlich verwendet werden.
Schmand	Aminosäuren, Calcium, Chlorid, Eiweiß, Fett, Folsäure, Kalium, Phosphor, Schwefel, Vitamin A, B12, C, D	Schmand ist Sahne, die mit Milchsäurebakterien gesäuert wird. Der Fettgehalt von Schmand ist immer über 20 %. Für die Hundeküche geeignet.
Speiseeis (Milchspeiseeis)	Aminosäuren, Calcium, Chlorid, Eiweiß, Kalium, Phosphor, Schwefel, Vitamin B12, C, D, E	Speiseeis besteht im Wesentlichen aus mind. 70 % Milch, die mit Zuckersirup gesüßt und mit Fruchtmark oder anderen Zutaten aromatisiert wird. Eine willkommene Abwechslung im Sommer.
Speisequark	Aminosäuren, Calcium, Chlorid, Eiweiß, Fett (je nach Fettstufe), Folsäure, Kalium, Natrium, Phosphor, Schwefel, Vitamin B2, C	Speisequark wird aus entrahmter und pasteurisierter Milch hergestellt. Er wird in verschiedenen Fettstufen angeboten: Magerquark (unter 10 % Fett in der Trockenmasse), Quark mit 20 % und 40 % Fett i.Tr. Enthält viel Milcheiweiß und wenig Milchzucker. Als Zugabe zum Futter bestens geeignet.

🐾 Nuss- / Samen- / Flocken-Sortiment

Nüsse / Samen

Nüsse	Haupt-Inhaltsstoffe	Wirkung / Anmerkung
Cashew-Kerne	Calcium, Chrom, Eiweiß, Fett, Fluor, Gerbstoff, Kalium, Magnesium, Phosphor, Provitamin A, Vitamin B1, B2, C, E Von allen Nüssen verfügen Cashew-Kerne über den niedrigsten Fettanteil und höchsten Magnesiumgehalt.	Vitamin B1 unterstützt die Nervenfunktion und fördert die körperliche Frische. Einige kleingehackte frische Cashew-Kerne, kann man gelegentlich zum Futter geben. Alte Cashew-Kerne können jedoch Giftstoffe entwickeln und werden dadurch für Hunde und Menschen gefährlich.
Haselnüsse	Calcium Eisen, Eiweiß, Fett, Folsäure, Kalium, Magnesium, Natrium Phosphor,. Vitamin, B1, B2, B6, E, Zink Ihr relativ hoher Fettanteil macht sie sehr kalorienreich.	Die hochwertigen pflanzlichen Fette und Öle in der Haselnuss kurbeln den gesunden Fettstoffwechsel an. Sie wirken positiv auf die Verdauung und eine gute Nervennahrung.
Erdnüsse	Calcium, Eisen, Kalium, Magnesium, Natrium, Vitamin B1, B2, B6, C, E	Ihre Inhaltsstoffe wirken Blutdrucksenkend, nervenstärkend und abwehrstärkend. Erdnüsse sollten weder gesalzen, noch gewürzt gegeben werden. Frische Erdnüsse können von einem nicht sichtbaren Pilz / Schimmelpilz befallen sein. Wenn überhaupt Erdnüsse füttern, dann BIO-Ware.
Kürbiskerne	Kalium, Kupfer, Magnesium, Mangan, Phosphor, Schwefel, Vitamin B1, C, E	Ihr reichhaltiger Gehalt an wertvollen Fetten macht sie für die Rohfütterung interessant. Sie können bei Blasenbeschwerden und Harnträufeln gefüttert werden.
Leinsamen	Ballaststoffe, Eisen, Eiweiß, ungesättigte Omega-3-Fettsäuren, Lezithin, Öl, Pflanzenschleim, Vitamin E, K	Leinsamen enthält Schleimstoffe, die im Darm aufquellen. Dadurch wird die Verdauung angeregt.

94

Nüsse	Haupt-Inhaltsstoffe	Wirkung / Anmerkung
(Süße) Mandeln	Asparagin, Bor, Calcium, Cholin, Eisen, Eiweiß, mehrfach ungesättigte Fettsäuren, Kalium Kupfer, Magnesium, Mangan, Natrium, Phosphor, Vitamin A, B1, B2, E, Zink Sie weisen den höchsten Calcium-, Kalium-, Magnesium-Gehalt aller Nüsse auf.	Mandeln besitzen trotz ihres immensen Fettgehaltes verdauungsfördernde, immunabwehr-, herz-, kreislauf- und nervenstärkende Eigenschaften. Vorsicht: Bittermandeln sind hoch giftig und äußerlich kaum von den süßen Mandeln zu unterscheiden.
Paranüsse	Calcium, hoher Fettgehalt, Kalium, Magnesium, Phosphor, Proteine, Selen, Stärke, Vitamin C, B6, E Sie werden mit dem höchsten bekannten Selengehalt beschrieben.	Selen ist der Hauptbestandteil des Glutathion Enzyms, welches einen hohen Entgiftungsfaktor im Stoffwechsel hat.
Pekannüsse	Calcium, hoher Fettgehalt, Eisen, Kalium, Magnesium, Phosphor, Provitamin A, Vitamin B1, C	Pekannüsse haben den zweit-höchsten Fettgehalt aller Nüsse. Jedoch sind dies äußerst gesunde Fettsäuren, die eine positive Wirkung auf die Blutfette, Gefäße sowie das Herz-Kreislauf-System haben. Ballaststoffe tragen zu einer gesunden Verdauung bei.
Pinienkerne	Calcium, extrem hoher Eisengehalt, Eiweiß, ätherisches Öl, Kohlenhydrate, Phosphor, Provitamin A, Vitamin B1, B2	Aufgrund ihrer gesunden Inhaltsstoffe haben Pinienkerne einen positiven Einfluss auf den Stoffwechsel und die Abwehrkräfte.
Sesam	Calcium, Eisen, Eiweiß, Kalium, Lezithin, Magnesium, Öl, Phosphor, Vitamin B1, B2, E	Die Inhaltsstoffe kommen vor allem dem Immunsystem zugute. Der hohe Anteil von Calcium und Magnesium ist gut für Herz und Knochen.
Walnüsse	Calcium, Eisen, Kalium, Magnesium, Phosphor, Schwefel, Vitamin A, B1, B2, B3, C,E, Zink	Walnüsse sind sehr fettreich, jedoch wegen der ungesättigten Omega 3- und Omega-6-Fettsäuren, den reichlich vorhandenen Vitaminen und Mineralstoffen sehr gesund.

Flocken

Flocken	Haupt-Inhaltsstoffe	Wirkung / Anmerkung
Erbsenflocken	Mineralstoffe, Aminosäuren, u.a. Lysin	Erbsenflocken sind der pflanzliche Eiweißträger überhaupt! Sie stärken das Immunsystem, senken Cholesterin und gelten als Gehirn- und Nervennahrung. Flocken mit lauwarmem Wasser ca. 10 - 15 Min einweichen und unter das Fleisch vermischen.
Kokosflocken / -raspeln	Calcium, Eisen, Folsäure Kalium, Kupfer, Laurinsäure, Magnesium, Mangan, Phosphor, Vitamine B, C, E	Kokosflocken / -raspeln wirken, durch die darin reichlich enthaltene Laurinsäure anti-parasitär. Sie wirken gegen Zecken und beugen Infektionskrankheiten vor, die durch Parasiten, wie Milben, Flöhe, Würmer ausgelöst werden.

🐾 Getreide-Sortiment

Glutenfrei:

Getreide	Haupt-Inhaltsstoffe	Wirkung / Anmerkung
Amaranth (Keine Getreideart - Pseudogetreide)	Calcium, Eisen, Eiweiß, Fett, Kohlenhydrate, Kalium, Magnesium, Vitamin B1, B2, Zink hoher Anteil an ungesättigten Omega-3-Fettsäuren, darunter Linolsäure und Alpha-Linolensäure	Amaranth stärkt das Immunsystem, kurbelt den Stoffwechsel an und sorgt für stabile Knochen.
Buchweizen (Keine Getreideart - Pseudogetreide)	Calcium, Chlor, Eisen, Eiweiß, Fluor, Folsäure, Jod, Kalium, Kieselsäure, Kupfer, Magnesium, Lezithin, Lysin, Phosphor, Schwefel, Stärke, Tryptophan, Vitamin A, B, Zink	Lysin trägt zur Gesundheit des Herz-Kreislauf-Systems bei. Ballaststoffe fördern die Verdauung, binden Toxine im Körper und unterstützen deren Ausscheidung über den Darm. Sie schützen so die Darmschleimhaut vor Krankheiten.
Hirse (keine Braunhirse)	Calcium, Eisen, Fluor, Folsäure, Kalium, Kieselsäure, Kupfer, Lezithin, Lysin, Magnesium, Phosphor, Zink	Hirse besitzt entzündungshemmende, gesundheitsfördernde Charakteristiken und wirkt sich positiv auf Knochen Gelenke, Haut und Haare aus.
Mais	Alkaloide, Bitterstoffe, Calcium, Eisen, Eiweiß, Fett, Gerbstoffe, Kalium, Magnesium, Natrium, Phosphor, Provitamin A, Saponine, Vitamin B1, B2, B6, C, K, Zucker	Mais bindet Giftstoffe im Darm. Aufgrund seines Vitaminreichtums gilt er als „Jungbrunnen" für Körperzellen.
Polenta (Maisgrieß)	Kohlenhydrate, Eiweiß, Kalium, Magnesium, Kieselsäure, Phosphor, Provitamin A, Schwefel, Stärke, Vitamin C, K, Zink	Ballaststoffe bringen die Verdauung in Schwung.
Quinoa	Aminosäuren, Calcium, Eisen, hochwertiges Eiweiß, Fett, Kalium, Kohlenhydrate, Magnesium, Phosphor, Saponin, Stärke, Vitamin B1, B2, C, E, Zink	Quinoa macht widerstandsfähig und robust gegen vielerlei Krankheitserreger.
Reis	Eisen, Fett, Fluor, Kalium, Kupfer, Magnesium, Mangan, Natrium, Phosphor, Stärke, Vitamin B1, B2, B3, B6, E, Zink	Reis ist leicht verdaulich und entwässernd, wirkt sich positiv auf die Zellerneuerung aus, reguliert Nierentätigkeit.

Glutenhaltig:

Getreide	Haupt-Inhaltsstoffe	Wirkung / Anmerkung
Dinkel	Aminosäuren, Vitamin B1, B2, B3, B6, E	B-Vitamine schützten nicht nur das Nervensystem, sondern kurbeln auch den Stoffwechsel an. Außerdem steckt in Dinkel jede Menge gesunde Kieselsäure, die eine positive Wirkung auf Haut und Fell hat.
Gerste	Folsäure, Fructose, Globulin, Glucose, Glutenin, Kieselsäure, Magnesium, Mineralstoffe, Pantothensäure, Saccharose, Stärke, Vitamin B1, B2, B3, B6, E Gerste ist eines der kohlenhydratreichsten Getreide.	Gerste kräftigt das Bindegewebe, den Stoffwechsel und das Nervensystem.
Hafer / Haferflocken	Aminosäuren, Ballaststoffe, Biotin, Calcium, Eisen, Fett, Kieselsäure, Magnesium, Phosphor, Schleimstoffe, Vitamin B1, B2, E, Zink	Biotin sorgt für schönes Haar, gesunde Haut und feste Nägel. Seine Ballast- und Schleimstoffvielfalt hat eine beruhigende, kreislaufstärkende, sättigende und Darmperistaltik anregende Wirkung.
Roggen	Ballaststoffe, Calcium, Eisen, Eiweiß, Fett, Kalium, Lysin, Magnesium, Säure, Vitamin B2, E	Roggen besitzt verdauungsfördernde und fettverbrennende Eigenschaften.
Weizen	Beta-Karotin, Calcium, Eiweiß, Kalium, Kohlenhydrate, Magnesium, Pantothensäure, Selen, Vitamin B1, B2, E, Zink	Weizen liefert Nervenvitamine, stärkt das Immunsystem und beruhigt einen gereizten Magen.
Weizenkleie	reich an Ballaststoffen und ungesättigten Fettsäuren, Vitamin B3, E, natriumarm	Ballaststoffe regen die Verdauung an, binden auf dem Weg durch den Darm verschiedene Giftstoffe, um diese auf schnellstem Wege aus unserem Körper heraus zu befördern.

Liebe geht durch den Magen

Leckere Gerichte aus der Hundeküche

🐾 Smoothies / Suppen / Getränke
Erfrischt durch den Sommer!

Smoothies für unsere Schmusies - lecker und gesund!

Smoothies liegen voll im Trend. Nicht nur in der Menschenwelt, sondern auch bei der Hundeernährung hat dieser leckere und gesunde Flüssig-Snack mittlerweile seinen Platz gefunden. Smoothies sind ein Mix aus verschiedenen pürierten frischen Früchten, Gemüsen oder beides zusammen und garantiert frei von künstlichen Zusatzstoffen. Die leckeren Mischungen strotzen vor Vitaminen, Mineralstoffen und Spurenelementen und decken den Nährstoffbedarf auf wohlschmeckende Weise ab.

Smoothies sind zum sofortigen Verzehr gedacht. Bleibt etwas übrig, kann es in kleinen Portionen eingefroren werden. So hat man an heißen Tagen immer etwas zur Hand. Im Sommer sind gekühlte oder gefrorene Smoothies eine leckere und gesunde Abwechslung für die Hunde.

Gefrorene Smoothies können gelegentlich ein bis zwei Portionen Gemüse- oder Obstbeilagen in der BARF-Mahlzeit ersetzen. Sie sind aber keinesfalls als dauerhafter Ersatz geeignet, denn ein Teil der Vitamine gehen beim Einfrieren verloren! Frisches Gemüse und Obst sollten immer bevorzugt werden!

Sinnvoll wäre, die Smoothies in flache, eckige Portionen einzufrieren, die der Hund zerkauen muss. Bei kleinen, kugeligen Formen besteht die Gefahr, dass sie im Ganzen geschluckt werden und es so zu Magenproblemen und Durchfall führen kann.

Äpfel, Aprikosen, Birnen, Nektarinen und Pfirsiche werden mit der Schale verwendet, da dort mehr Vitamine und Mineralstoffe stecken als im Fruchtfleisch selbst. Kurz abwaschen oder abreiben reicht. Es muss lediglich der Stiel und das Kerngehäuse / der Kern entfernt werden.

Zucchini und Salatgurken können ebenso mit der Schale püriert werden. Auch ihre Schalen enthalten Vitamine. Frische Rote Bete dagegen müssen geschält werden, ihre Schale ist meist hart.

Die anderen Gemüsesorten gründlich abwaschen, um oberflächige Verunreinigungen zu entfernen, ggf. putzen und klein schneiden.

Zubereitung:
Die ausgewählten Zutaten werden in einem Mixer püriert und können mit Kräutern und Öl angereichert werden. Ist die Konsistenz des Smoothies zu sämig, kann nach Bedarf etwas Wasser zugegeben werden.

Kalte Suppen - der temperierende Ausgleich

Kalte Suppen bestehen hauptsächlich aus Wasser. Die pürierten frischen Zutaten werden mit entsprechend viel Wasser verdünnt.

Zubereitung:

Obst und Gemüse werden fein püriert und mit Kräutern und Öl verfeinert. $\frac{1}{3}$ des Napfvolumens sollte Püree sein, dann den Napf mit Wasser auffüllen und alles gut verrühren.

Beispiel: Bei 500 ml Napfvolumen = ca. 170 g Püree + 330 ml Wasser.

An heißen Tagen sind kalte Suppen ein temperierender Ausgleich. Dennoch sollte man sie nur 1x am Tag und nicht öfter als 3x pro Woche füttern.

Kühle Getränke - erfrischend und belebend!

Kühle Getränke sind in erster Linie "Wasser mit Geschmack" und dementsprechend auch einfach zuzubereiten. Auch Wasser mit Marmelade oder Apfelkompott "versüßt", wird gern von den Hunden getrunken. Ebenso kann man einen Teil Wasser durch Milch ersetzen.

Zubereitung:

Zutaten pürieren. Setzt sich dabei etwas Schaum ab, wird dieser einfach abgeschöpft. Fruchtportionen in den Napf geben und mit Wasser auffüllen.

Anmerkung:

Bei Smoothies, kalten Suppen und kühlen Getränken kann man seiner Kreativität freien Lauf lassen. Es gibt eine vielseitige Gemüse- und Obstauswahl, die man "zusammenmixen" kann.

(Siehe „Gemüse- / Obst-Sortimente" ab Seite 72)

❖ Obst-Smoothie

ABiBa

100 g	Ananas
150 g	Banane
150 g	Birne
100 g	Mango
1 EL	Honig

AnaBaBiGo

250 g	Apfel
250 g	Birne
3	Basilikum-Blätter
1 Msp.	Zimt

SaJoHim

150 g	Johannisbeeren
150 g	Himbeeren
150 g	Honigmelone
50 ml	Sahne oder Milch

HimBaBeer

150 g	Himbeeren
150 g	Banane
200 g	Erdbeeren
1 EL	Honig

BroKiJoSa

150 g	Aprikosen
150 g	Brombeeren
50 g	Kirschen
150 g	Joghurt
1	Salbei-Blatt

MaBiZi

250 g	Apfel
150 g	Birne
100 g	Mango
1 Msp.	Zimt
1 TL	Kokosflocken

PfiKoKiBa

300 g	Pfirsiche
100 g	Banane
100 g	Kirschen
1 TL	Kokosflocken
1 EL	Honig

BeerBaRoWa

300 g	Wassermelone
100 g	Banane
100 g	Erdbeeren
2	Rosmarin-Nadeln

QuaKiBi

100 g	Kiwi
250 g	Birne
150 g	Quark
3	Minz-Blätter

KiBaBi

50 g	Kirschen
250 g	Banane
200 g	Birne

HimBaBeer

Zubereitung:

Früchte mit den angegeben Zutaten in einem Mixer pürieren.

102

❖ Gemüse-Smoothie

BluParChini

150 g	Blumenkohl
200 g	Zucchini
50 g	Parmesan
100 ml	Milch

SpiMaMi

300 g	Spinat
100 g	Mais
100 ml	Milch
1 EL	Honig
1 kl.	Scheibe Ingwer

PaFeWa

250 g	Pastinake
100 g	Feldsalat
150 g	Fenchel
4	Basilikumblätter
1 EL	Walnüsse
1 EL	Walnussöl

SpiPeZu

200 g	Spinat
250 g	Zucchini
3	Petersilie-Stängel
50 ml	Gemüsebrühe

PasKaKü

100 g	Pastinake
150 g	Karotten
250 g	Kürbis
1 EL	Kürbisöl
1 EL	Kürbiskerne
5	Koriander-Blätter

RoFenSa

200 g	Fenchel
100 g	Rote Bete
200 g	Salatgurke
1 EL	Sesam
2	Petersilie-Stängel
1 EL	Leinöl

ZucKnoGuSell

200 g	Zucchini
200 g	Salatgurke
100 g	Sellerie
1 kl.	Scheibe Knoblauch

RoKaFeld

100 g	Rote Bete
300 g	Karotten
100 ml	Feldsalat
1 TL	Walnussöl

SpiPeZu

Zubereitung:

Rohes Gemüse mit den jeweiligen Zutaten zu einer cremigen Masse aufmixen.
Nach Bedarf *100 ml Wasser* hinzufügen.

❖ Gemüse-Obst-Smoothie

AnGuPaBi

100 g	Ananas
150 g	Salatgurke
150 g	Paprika, gelb
100 g	Birne
1 EL	Honig

SpiPaChiniBeer

200 g	Zucchini
100 g	Spinat
100 g	Paprika, rot
100 g	Erdbeeren

FenMaJoMi

200 g	Fenchel
100 g	Mango
100 g	Apfel
100 g	Joghurt
3	Minz-Blätter

SellMaBaRosi

100 g	Staudensellerie
100 g	Mango
200 g	Banane
100 ml	Milch
2	Rosmarin-Nadeln

PfiKaPa

150 g	Pfirsiche
200 g	Karotten
150 g	Pastinake
1 EL	Leinöl

RoMaHimBa

200 g	Himbeeren
150 g	Rote Bete
150 g	Mais
1 EL	Honig
3	Basilikum-Blätter

BiRoBa

150 g	Birne
150 g	Rote Bete
200 g	Banane
1 EL	Honig

KürABi

200 g	Kürbis
150 g	Aprikosen
150 g	Birnen
1 EL	Walnussöl
1 TL	Sesam

AnGuPaBi

Zubereitung:

Gemüse putzen, mit Obst und den angegebenen Zutaten im Mixer pürieren.

104

❖ Kalte Suppen / Caprese

- Variante 1 - Salatgurke, Wassermelone, 1 TL Honig
- Variante 2 - Erdbeeren, Himbeeren, Wassermelone, Apfelsaft
- Variante 3 - Salatgurke, Himbeeren, Erdbeeren

Gesamtmenge Püree: 300 g. Die Menge der einzelnen Obst- und Gemüsesorten kann selbst gewählt werden, alles *fein pürieren* und mit 200 ml Wasser auffüllen.

- Variante 4 - Mango, Erdbeeren, Himbeeren und 1 TL Honig

Gesamtmenge Obst: 200 g. Das Obst *in kleine Stücke schneiden* mit 1 TL Honig in 300 ml Wasser gegeben.

- Variante 5 - 1 TL Gemüsebrühe in 500 ml Wasser

Dies ist wohl die einfachste Suppe.

Beispiel:
500 ml Napfvolumen = ca. 170 g Püree + 330 ml Wasser
ca. 200 g Obststücke + 300 ml Wasser

❖ Kühle Getränke

- Variante 1 - 100 g Wassermelone püriert + 1 TL Honig
- Variante 2 - 1 EL Apfelkompott oder Marmelade
- Variante 3 - 50 g Himbeeren, 50 g Erdbeeren püriert
- Variante 4 - 1 EL Joghurt und 50 g Banane püriert

Püree mit Wasser auf 500 ml Gesamtmenge auffüllen. Wahlweise kann das zugefügte Wasser durch ⅓ Milch + ⅔ Wasser + 1 TL Honig ersetzt werden.

Anmerkung:
Alle Mengenangaben können nach Belieben und Bedarf reduziert oder erhöht werden, je nachdem wie viel der Hund trinken möchte. Dabei sollte man aber auch beachten:
Je mehr der Hund trinkt, desto öfter muss er sich wieder lösen.

🐾 Dörren – Fleisch, Gemüse und Obst selbst trocknen

Dörren ist eines der ältesten Verfahren, Fleisch sowie Gemüse und Obst schonend haltbar zu machen, ohne chemische Zusätze. Am einfachsten geht dies in einem Dörrgerät. Durch die zugeführte erwärmte Luft, die das Dörrgut darin umströmt, verdunstet die Feuchtigkeit in den Lebensmittel. Die Enzyme, Vitamine und Mineralien bleiben dabei weitgehendst erhalten. So können, je nach Gerät, auf mehreren Etagen, größere Mengen Fleisch, Gemüse oder Obst effizient getrocknet werden, wobei die genaue Temperatur und Zeitangabe nach Herstellerempfehlung immer einzuhalten ist.

Zum Dörren darf kein angeschimmeltes oder verschimmeltes Gemüse und Obst verwendet werden. Die darin enthaltenen Sporen werden durch das Dörrverfahren nicht abgetötet und würden dann mitverfüttert werden.

Durch das Trocknen / Dörren, kann man sich, nach Belieben des Hundes seine eigenen Gemüse-Obst-Mischungen zusammenstellen. Wichtig ist dabei, dass alle Produkte getrocknet und abgekühlt sind, bevor sie gemischt werden. Das getrocknete Gemüse und Obst sollte vor zu hoher Luftfeuchtigkeit geschützt werden, dazu eignen sich am besten Einweggläser, die sich gut verschließen lassen. So kann man das Trockengut mehrere Monate aufbewahren.

Beim Trocknen von Fleisch ist zu beachten, dass das Fleisch z.B. Rindfleisch zuvor von überschüssigem Fett befreit wird. Es kann beim Trocknungsprozess nicht getrocknet werden und würde beim Lagern evtl. ranzig werden. Das Fett selbst sollte eingefroren oder bei der nächsten Rindfleischfütterung mitgefüttert werden. Auch das Trockenfleisch muss ausgekühlt sein, bevor es luftdicht verpackt wird. Es empfiehlt sich, das Trockenfleisch in kleine Rationen zu vakuumieren und mit dem Herstellungsdatum zu versehen. So behält man immer den Überblick über die Haltbarkeit.

Diese Herstellungsmethode hat sich auch für den Urlaub mit dem Hund bestens bewährt. Zu bedenken gilt lediglich, dass nicht die eigentlichen Gemüse- und Obstrationen in den alltäglichen prozentualen Angaben verfüttern werden dürfen. Denn durch den Trocknungsprozess wurde jegliches Wasser entzogen, somit sind die Endprodukte wesentlich leichter – sie werden zu reinen Konzentraten.

Vorteile:
- Vitamine und Nährstoffe bleiben weitgehendst erhalten
- Produkte werden süßer / geschmackvoller
- Gut portionierbar / mischen
- Zeitersparnis beim Füttern
- Ideal für Urlaub
- Geringes Gewicht und Volumen
- Längere Haltbarkeit und Lagerung

Berechnungsbeispiel

für eine Tagesration mit getrocknetem Gemüse und / oder Obst

für einen erwachsenen Hund mit **23** kg Körpergewicht und einem Futterbedarf von **2** % seines aktuellen Körpergewichtes:

100 % = **23**000 g (23000 x **2** : 100)
  2 % =   **460 g** Tages-Futtermenge

Zusammensetzung der Tages-Futtermenge

100 %   = **460 g**
  80 % Fleisch   = 368 g   = 368 g
  15 % Gemüse / Obst   = 69 g roh   = 17 g getrocknet *)
   5 % Zusätze   = 23 g   = 23 g

Somit ergibt sich eine gesamt Tages-Futtermenge von **408 g.**

*) 69 g rohes Gemüse und / oder Obst
  mit einem Wasseranteil von 75 % = 52 g Wasser
  69 g – 52 g = **17 g** getrocknetes Gemüse und/oder Obst

Wasseranteil in Fleisch-, Gemüse- und Obstsorten
Berechnet auf 100 g Frischeprodukt

Fleisch	Wasseranteil (%)	Getrockneter Zustand (g)
Rind	76,0 %	24,0 g
Kalb	75,8 %	24,2 g
Pferd	75,0 %	25,0 g
Lamm	75,0 %	25,0 g
Hirsch	74,7 %	25,3 g
Huhn	74,6 %	25,4 g

Gemüse	Wasseranteil (%)	Getrockneter Zustand (g)
Karotte	86,4 %	13,6 g
Brokkoli	89,7 %	10,3 g
Paprika rot	89,4 %	10,6 g
Artischocke	82,3 %	17,7 g
Sellerie	87,6 %	12,4 g
Knoblauch	64,2 %	35,8 g
Zucchini	93,0 %	7,0 g
Lauch	89,6 %	10,4 g
Spargel	94,0 %	6,0 g
Kohlrabi	91,3 %	8,7 g
Ingwer	80,2 %	19,8 g
Fenchel	85,4 %	14,6 g
Süßkartoffel	70,3 %	29,7 g

Obst	Wasseranteil (%)	Getrockneter Zustand (g)
Birne	84,1 %	15,9 g
Apfel	84,8 %	15,2 g
Himbeere	84,9 %	15,1 g
Brombeere	86,8 %	13,2 g
Kochbanane	66,0 %	34,0 g

(Siehe Wasseranteil in „Gemüse- und Obst-Sortimente Seite 72 - 84)

Die Inhaltsstoffe / Nährwerte bei getrockneten oder frischem Gemüse- / Obstsorten sind unterschiedlich.

Alle Produkte sind von mir selbst im rohen und getrockneten Zustand gewogen worden.

Der Wasseranteil wurde ebenfalls von mir errechnet.

Hinweis:
Beim Verfüttern von getrocknetem Gemüse und Obst, etwas lauwarmes Wasser dazu geben, damit es aufquellen kann.

– Getrocknete Leckereien –
Fleischsteifen, Lungenwürfel, Strossen, Pansentaler,
Hufe, Ochsenschwanz, Blättermagen

108

Zusammenstellung von Gemüse- / Obst- und Kräutermischungen

Nachstehende Mischungen sind inhaltlich ausgewogen zusammengestellt.

Beispiele für eine Gemüsemischung: Gesamtmenge 400 g

„1"	Karotte 100 g	Zucchini 100 g	Paprika, gelb 50 g	Kürbis 100 g	Pastinake 50 g
„2"	Kürbis 150 g	Rote Bete 50 g	Kohlrabi 50 g	Broccoli 50 g	Zucchini 100 g
„3"	Fenchel 100 g	Sellerie 50 g	Karotte 150 g	Blumenkohl 50 g	Rote Bete 50 g

Beispiele für eine Obstmischung: Gesamtmenge 250 g

„1"	Apfel 60 g	Birne 70 g	Himbeere 50 g	Mango 70 g
„2"	Brombeere 50 g	Banane 75 g	Kiwi 50 g	Birne 75 g
„3"	Aprikose 70 g	Erdbeere 100 g	Kirsche 50 g	Johannisbeere 30 g

Beispiele für eine Obst-/ Gemüsemischung: Gesamtmenge 350 g

„1"	Erdbeere 75 g	Birne 80 g	Sellerie 80 g	Paprika, gelb 115 g
„2"	Kiwi 75 g	Brombeere 70 g	Karotte 125 g	Zucchini 80 g
„3"	Himbeere 90 g	Banane 90 g	Fenchel 90 g	Rote Bete 80 g

Beispiele für eine Obst-/ Gemüse-/ Kräutermischung: Gesamtmenge 403 g

„1"	Mango 50 g	Erdbeere 70 g	Karotte 150 g	Zucchini 130 g	Basilikum 2 g	Vanilleschote 1 g
„2"	Pfirsich 90 g	Kiwi 75 g	Fenchel 100 g	Paprika, rot 135 g	Petersilie 2 g	Salbei 1 g
„3"	Kirsche 70 g	Birne 80 g	Broccoli 100 g	Kürbis 150 g	Rosmarin 2 g	Passions- blume 1 g

❖ Menüs

Abwechslung im Hundenapf

Wer Spaß am Kochen hat, dem wird es bestimmt auch viel Freude bereiten für seine Fellnase, vielleicht zum Geburtstag ein wohlschmeckendes Menü zuzubereiten. Sicherlich hat jeder schon einmal die übrig gebliebenen Nudeln, Kartoffeln oder Reis seinem Hund in den Napf getan. Somit wäre der Anfang bereits gemacht! Verfeinern wir dies noch mit lecker zubereitetem Fleisch, frischem Gemüse, Obst und Kräutern, so können wir unserem Hund mit einem appetitlichen Menü etwas Abwechslung im Futternapf bieten.

Bei einem gemeinsames Menü für unsere Fellnasen und uns Menschen, ist lediglich darauf zu achten, dass die Speisen für unsere Hunde nicht zu sehr gewürzt werden. Wir können für unser Empfinden die Speisen selbstverständlich je nach Gusto würzen.

Gewürze sind kein Bestandteil der BARF-Ernährung. Auch wenn sie sich vereinzelt positiv z.B. auf die Verdauungsorgane auswirken können, sind die verwendeten minimalen Mengen für den Hundeorganismus nicht von großer Bedeutung. Wohl dosiert, sind sie nicht schädlich. Für die Zubereitung der Speisen, dienen sie lediglich als Geschmacksträger und „Appetitanreger".

Alle Gerichte wurden von mir gekocht und von unseren Hunden gerne gefressen und problemlos vertragen. Die Rezeptvorschläge können natürlich variiert und z.B. auch zu einem 3-Gänge-Menü gestaltet werden. Ebenso können die hier gelisteten Speisen auch roh verfüttert werden.

Guten Appetit!

– Geschmorter Rehrücken an glasiertem Gemüse –

110

LECKERES vom GRILL

Mariniertes Rindfleisch

Zutaten:

1 kg	Rindfleisch
6 EL	Sesamöl
1 EL	Apfelsaft
1 EL	Honig
1 TL	Tomatenmark
1 TL	Zitronensaft
1 Prise	Salz
1 Prise	Rosenpaprika
4	Thymian-Blättchen
1 Stück	gerösteter Paprika (aus dem Glas)
1 Scheibe	Knoblauch

Zubereitung:
- Rindfleisch in Steaks schneiden.
- Sesamöl, Apfelsaft, Honig, Tomatenmark zu einer homogenen Marinade verrühren, mit Salz und Paprika abschmecken.
- Thymian-Blättchen fein schneiden, gerösteter Paprika klein schneiden, Knoblauch schälen und fein hacken, alles zur Marinade geben und gut verrühren.
- Fleisch ca. 3 Stunden darin einlegen.
- Fleisch auf jeder Seite ca. 8 Minuten grillen.

Mariniertes Putenfleisch

Zutaten:

1 kg	Putenfleisch
3 EL	Honig
4 EL	Olivenöl
3	Rosmarin-Nadeln
1 Scheibe	Knoblauch
1	Thymian-Zweige
½ Zitrone	Zesten

Zubereitung:
- Honig mit Olivenöl gut verrühren.
- Rosmarin-Nadeln klein schneiden, Knoblauch schälen und klein hacken, Thymian und Zitronenzesten dazugeben.
- Putenfleisch in ca. 3 cm große Stücke schneiden und etwa 1 Stunde in der Marinade einlegen. Fleisch auf jeder Seite ca. 5 Minuten grillen.

Marinierte Beinscheibe

Zutaten:

1 kg	Beinscheibe	1 Scheibe	Knoblauch
2 EL	Honig	2	Rosmarin-Nadeln
3 EL	Sesamöl	5	Basilikum-Blätter
1 ½	Karotten	1 Prise	Salz

Zubereitung:
- o Honig mit Sesamöl glatt rühren. Karotten sehr fein schneiden oder raspeln.
- o Knoblauch, Rosmarin-Nadeln und Basilikum-Blätter fein hacken.
- o Alles gut mischen, mit Salz abschmecken.
- o Beinscheiben darin marinieren und ca. 2 Stunden einziehen lassen.
- o Fleisch ca. 10 Minuten auf jeder Seite grillen.

Marinierte Garnelen

Zutaten:

500 g	Garnelen	2	getrocknete Tomaten in Öl
3	Rosmarin-Zweige	1 Scheibe	Knoblauch
6	Basilikum-Blätter	3 TL	Öl (von getrockneten Tomaten)

Zubereitung:
- o Rosmarin, Basilikum, Knoblauch und Tomaten fein hacken, mit Öl mischen.
- o Garnelen in die Marinade legen, ab und zu vorsichtig wenden.
- o Garnelen auf Spieße stecken, auf Alufolie ca. 5 Minuten von jeder Seite grillen.

Frikadellen

Zutaten:

1 kg	Rinderhackfleisch	1 Scheibe	Knoblauch
2	Eigelb	1	Karotte
1 TL	Tomatenmark	5	Rosmarin-Nadeln
2 EL	Rinderfond	40 g	Grana Padano
1 Prise	Salz und Rosenpaprika		

Zubereitung:
- o Eigelb, Tomatenmark und Rinderfond zum Hackfleisch geben und gut durchmengen, mit Salz und Rosenpaprika abschmecken.
- o Knoblauch und Karotte in kleine Würfel schneiden und zum Hackfleisch geben.
- o Rosmarin-Nadeln fein hacken, Grana Padano hobeln und zum Hackfleisch geben.
- o Alles gut mischen. Frikadellen formen und ca. 5 Minuten von jeder Seite grillen.

Beilagen:

Tomaten-Basilikum-Reis

Zutaten:

1 Beutel	Reis	3	Rosmarin-Nadeln
2	getrocknete Tomaten	20 g	Pistazien
	(im Glas in Öl)	1 TL	Honig
1 Scheibe	Knoblauch	1 Prise	Salz
6	Basilikum-Blätter		

Zubereitung:
- o Reis garen
- o Tomaten in kleine Würfel schneiden, Knoblauch und Kräuter fein schneiden,
- o Pistazien hacken, mit etwas Honig unter den Reis mischen. Mit Salz abschmecken.

Fenchel-Reis

Zutaten:

1 Beutel	Reis	1 EL	Honig
¼	Fenchel	25 ml	Sahne
20 g	Pistazien	15 ml	Orangensaft
1	Thymian-Zweig	1 Prise	Salz
2 EL	Kokosöl		

Zubereitung:
- o Reis garen
- o Fenchel in sehr kleine Würfel schneiden, Pistazien hacken, Thymian fein schneiden, mit Kokosöl, Honig, Sahne und Orangensaft unter den Reis mischen
- o Mit Salz abschmecken

– Marinierte Garnelen-Spieße an Reisvariationen –

113

Karotten-Basilikum-Reis

Zutaten:

1 Beutel	Reis	2 EL	Kürbiskernöl
1	Karotte	25 ml	Sahn
1 Scheibe	Knoblauch	1 Prise	Salz
4	Basilikum-Blätter	Pistazien nach Belieben	

Zubereitung:
- o Reis garen
- o Karotten und Knoblauch sehr klein würfeln, Basilikum fein schneiden
- o Alles in Öl an-braten, mit Sahne ablöschen und unter den Reis mischen
- o Mit Salz würzen

Karotten-Feldsalat

Zutaten:

150 g	Feldsalat
1 EL	Honig
1 EL	Kräuterquark
25 ml	Sahne
1 Prise	Salz
2	Karotten
25 g	Nussmischung
Saft einer	½ Zitrone

Zubereitung:
- o Honig, Kräuterquark und Sahne zu einem Dressing gut verrühren, mit Salz abschmecken
- o Karotten putzen, in dünne Scheiben schneiden, Nussmischung hacken, alles unter den Feldsalat mischen
- o Dressing über den Feldsalat gießen, gut vermischen. Zum Schluss Zitronensaft über dem Salat träufeln.

Tipp als Grillbeilage:
Süßkartoffeln oder Kartoffeln schälen, halbieren, in Alufolie mit etwas Öl beträufelt einwickeln und ca. 35-40 Minuten direkt in die Glut legen.

PIZZA & PASTA

Pizza

Hefeteig

Zutaten:

500 g	Mehl	1 Prise	Salz
250 ml	lauwarmes Wasser	1 Prise	Zucker
10 g	Hefe	1 EL	Sonnenblumenöl

Zubereitung:
- Aus den Zutaten einen einfachen Hefeteig herstellen. An einem warmen Ort zuge-deckt ca. 90 Minuten gehen lassen, bis sich das Volumen verdoppelt hat.
- Nach der Wartezeit, Den Teig auf einer bemehlten Arbeitsfläche nochmals durch-kneten.

Tomatensoße

Zutaten:

2 EL	Olivenöl	6	Basilikum-Blätter
1 Scheibe	Knoblauchzehe	1 Prise	Salz
250 ml	passierte Tomaten	1 EL	Honig
1	Zucchini	1 reife	Tomate

Zubereitung:
- Klein geschnittener Knoblauch in einer Pfanne mit Öl anschwitzen, passierte Tomaten hinzugeben und 5 Minuten köcheln lassen.
- Zucchini klein schneiden, Basilikum fein hacken und zu den passierten Tomaten geben. Mit Salz abschmecken und bei Bedarf mit etwas Honig verfeinern.
- Anschließend alles pürieren.
- Frische reife Tomate klein schneiden dazu geben und noch 30 Minuten köcheln lassen.

Hackfleisch

Zutaten:

750 g	Rinderhackfleisch	1 Prise	Oregano
1	Thymian-Zweige	2	getrocknete Tomaten
1 Scheibe	Knoblauch	1 Prise	Salz

Zubereitung:
- Alle Zutaten klein schneiden, unter das Hackfleisch mischen und würzen.

Belag:

Gauda-Käse am Stück	Zucchini
Tomatensoße	Mais
Hackfleisch	

Fertigstellung:
- Hefeteig ausrollen und ein Backblech damit belegen, nochmals kurz gehen lassen.
- Gauda-Käse in Streifen schneiden, auf den Rand der Pizza verteilen und im Teig einschlagen
- Tomatensoße gleichmäßig darauf verteilen. Klein gewürfelte Zucchini und Mais darüber geben. Geriebenen Käse darüber streuen.

Backen:

bei 180 °C – ca. 30-45 Minuten
(je nach Menge des Belages)

– Gemeinsamer Pizza-Abend für Hund und Halter –

116

Pasta

Selbstgemachter Nudelteig

Zutaten:

200 g	Mehl (Typ 405 – 450)
200 g	Hartweizengrieß
3	Eier
1 EL	Sonnenblumenöl
1 Prise	Salz
etwas	Wasser

oder
Nudeln kaufen (z.B. Penne Rigate)

Zubereitung:
- o Mehl, Hartweizengrieß, Eier, Öl und Salz in eine Schüssel geben und gut durchkneten. Wasser in kleinen Mengen so lange hinzufügen, bis der Teig die gewünschte Konsistenz hat.
- o Den fertigen Nudelteig 1 Stunde kühl ruhen lassen. Danach den Teig entweder durch eine Nudelmaschine laufen lassen oder auf einer bemehlten Unterlage ausrollen und zu der gewünschten Nudelform bringen.

Pastasoße

Zutaten:

500 g	Rinderhackfleisch	5	Basilikum-Blätter
1 EL	Sonnenblumenöl	200 ml	passierte Tomaten
1 Scheibe	Knoblauch	1 Prise	Oregano
1	Thymian-Zweig	1 Prise	Salz

Reisekäse nach Belieben

Zubereitung:
- o Das Rinderhackfleisch in einer Pfanne mit etwas Sonnenblumenöl anbraten, bis es eine leichte Bräune hat.
- o Knoblauch, Thymian, Basilikum und Oregano mit den passierten Tomaten zum Hackfleisch geben. Etwas einkochen lassen.
- o Zum Schluss mit Salz abschmecken.

Fertigstellung:
- o Nudeln abkochen. Wenn sie „al dente" sind, abseihen.
- o Hackfleischsoße über die Nudeln geben nach Belieben mit Reibekäse verfeinern.
- o Alternativ als Auflauf gestalten. Hierfür das Ganz abwechselnd in eine Auflaufform schichten (Nudeln, Soßen, Nudeln …) Anschließend mit Reibekäse überbacken. **Auflauf bei 180 °C ca. 30 Minuten im Ofen überbacken.**

ASIATISCHE BARF-KOST

Sushi

Zutaten:
1 Beutel   Reis
1 Packung Nori-Algenblätter

Füllungen der Sushi-Rollen nach Belieben:
z.B. Apfel, Fenchel, Rote Bete, Feldsalat,
Karotten, Zucchini, Paprika rot, Knoblauch,
Putenfleisch, Garnelen uvm.

Vorbereitung:
- o Reis garen
- o Zutaten in kleine Würfel oder feine Streifen schneiden, sodass sie gut eingerollt werden können.

Zubereitung:
- o Auf 1 Noriblatt den Reis mit feuchten Händen etwa 0,5 cm dick gleichmäßig verteilen und andrücken, dabei auf einer Seite des Algenblattes ca. 1-2 cm frei lassen
- o In die Mitte einen Strang aus Gemüse nach Belieben legen.
- o Nun das Noriblatt aufrollen, dabei alles relativ fest zusammendrücken. Die frei gebliebene Stelle am Noriblatt evtl. anfeuchten und dort die Rolle schließen.
- o In Stücke schneiden.

Sushi-Röllchen sind zum rohen Verzehr geeignet oder im
Backofen bei 180 °C - 15 Minuten backen.

Dips

Dip 1:
1 Scheibe Knoblauch, 250 g Natur-Joghurt, etwas Fenchelgrün, 1 EL Honig,
1 Stück Apfel, 1 Stück Banane

Dip 2:
100 g Kochkäse, 3 Rosamarin-Nadeln, 50 g Creme fraiche, 1 Prise Salz

Dip 3:
1 Eigelb, 4-5 EL natur-Joghurt, 50 g Kochkäse mit Kümmel,
1 TL Tomatenmark, 1 Prise Salz

Dip 4:
50 g Schmand, 50 ml Kokosnussmilch, 50 g Creme fraiche,
1 EL Honig, 1 Petersilie-Stängel

Zubereitung:
- o Zutaten vermengen und pürieren.
- o Dips abgedeckt etwa 1 Stunde im Kühlschrank ziehen lassen.

FISCHGERICHTE

Lachstatar

Zutaten:

250 g	frischer Lachs
150 g	geräucherter Lachs
¼ Bund	Schnittlauch
5	Koriander-Blätter
1 Scheibe	Knoblauch

Zubereitung:
- Frischer Lachs, geräucherter Lachs, Schnittlauch, Koriander und Knoblauch sehr klein schneiden.
- Alle Zutaten in eine Schüssel geben und gut mischen.

Topping

Zutaten:

125 ml	Schmand
3 EL	Creme fraiche
1 Prise	Salz

Zubereitung:
- Schmand und Creme fraiche gut verrühren, mit Salz abschmecken.

Parmesanblätter / Pumpernickel-Scheiben

Zutaten:

6 EL	Parmesan
Runde	Pumpernickel-Scheiben

Zubereitung:
- Backblech mit Backpapier auslegen und Parmesanhäufchen darauf verteilen.
- Bei 180 °C - ca. 15 Minuten backen. Auskühlen lassen.

Pumpernickel-Scheiben in einer leicht geölten Pfanne mit etwas klein gehacktem - Knoblauch anrösten.

Anrichten des Lachstatar:
- Auf die angerösteten Pumpernickel-Scheiben etwas Lachstatar geben, etwas - Topping darüber und mit einer zweiten Pumpernickel-Scheibe abdecken.
- Mit einem Parmesanblatt und etwas geschnittenem Schnittlauch dekorieren.

Tipp als Fischbeilage:

<u>**Glasierte Honigkarotten**</u>

Eine Karotte in Scheiben schneiden und mit etwas Honig in einer leicht geölten Pfanne glasieren. 1 EL frische Petersilie dazu geben.

<u>**Dorade und Makrele in Maismehl-Kräuter-Kruste**</u>

Zutaten:
1 Dorade oder 1 Makrele
frisch oder Filets

<u>**Maismehl-Kräuter-Kruste**</u>
Zutaten:
250 g   Maismehl
50 g   Haselnüsse
5   Basilikum-Blätter
6   Koriander-Blätter
3   Minzblätter
1 Scheibe   Knoblauch
250 g   Reibekäse
Saft einer Orange

Zubereitung:
- o Ganze Fische vor der Zubereitung entschuppen, entgräten und filetieren.
- o Basilikum-, Koriander- und Minzblätter fein schneiden, Knoblauch fein hacken, mit Maismehl und Haselnüssen mischen und im Mixer zu einer Panade verarbeiten.
- o Fischfilets mit der Panade umhüllen und in Öl goldgelb anbraten.
- o Gebackenen Fisch mit Orangensaft beträufeln, etwas Reibekäse darüber.

Etwa 10 Minuten bei 180 °C im Backofen backen.

Beilage:
<u>**Gemüse-Potpourri**</u>

Zutaten:
150 g   Blumenkohl, weiß
150 g   Blumenkohl, violett
5   bunte Möhren
            (gelb, violett, orange)
1   Zucchini
25 g   Meeresspargeln
Saft einer ½ Orange
100 ml   Sahne

Zubereitung:
- o Alle Gemüsesorten putzen, in kleine Würfel schneiden und in eine Schüssel geben.
- o 2/3 des Meeresspargel und Orangensaft dazugeben.
- o In einer Pfanne mit etwas Öl und Wasser dünsten.
- o Sahne dazu und kurz aufkochen. - Abkühlen lassen.
- o Gemüse-Potpourri mit den restlichen rohen Meeresspargeln dekorieren.

DESSERTS

Honigbanane mit Mascarpone-Creme

Zutaten:

3	Bananen
1 EL	Zitronensaft
4 EL	Honig
500 g	Mascarpone
200 ml	Sahne
50 g	Nussmischung

Zubereitung:

- Bananen in Scheiben schneiden und eine Auflaufform damit auslegen. Etwas Zitronen-
saft darüber verteilen, damit die Bananen nicht braun werden.
Honig darüber träufeln.
- Mascarpone mit Honig und Sahne glatt rühren, Nussmischung fein hacken und unter-
heben. Mascarpone-Creme über die Bananen verteilen.
- Das Dessert für 1 - 2 Stunden kalt stellten.

Brombeer-Bananen-Dessert

Zutaten:

3	Bananen
5 EL	Honig
200 g	Vollkorn-Butterkekse
500 g	Brombeeren
300 ml	Sahne
500 g	Schmand
10	Zwieback
½	Vanilleschote
5 EL	Kokosraspeln

Zubereitung:

- o Eine Auflaufform mit Bananenscheiben auslegen. Etwas Honig darüber verteilen
und mit ganzen Butterkeksen abdecken.
- o Brombeeren pürieren, mit Honig vermischen, Sahne aufschlagen, den Schmand
unterheben, Mark einer ½ Vanilleschote auslösen und hinzufügen. Alles zu einer
Creme verrühren.
- o Brombeer-Sahne-Vanille-Creme über die Butterkekse verteilen.
- o Zwieback zerbröseln, über die Brombeer-Creme streuen, bis sie bedeckt ist.
- o Nochmals eine Lage geschnittene Bananen und eine Lage zerbröselte Butterkekse,
darüber geben.
- o Zum Schluss das Ganze mit einer Schicht Brombeer-Sahne-Vanille-Creme
bedecken.

Himbeer-Dreierlei

Himbeermark

Zutaten:
375 g   frische Himbeeren
75 g   Puderzucker
40 g   Kokosraspeln
4 EL   Honig

Zubereitung:
- o Himbeeren durch ein Sieb streichen, dabei die Kerne nicht zerdrücken, da sonst das Mark bitter wird.
- o Mit den restlichen Zutaten gut vermischen.

Himbeersahne-Mousse

Zutaten:
350 g   Frischkäse
1   Vanilleschote
175 g   Himbeeren
4 EL   Honig
1   Eigelb
4 EL   Sahne
5 EL   Milch
50 g   Puderzucker
4 EL   Himbeermarmelade
4 Blatt   Gelatine weiß

Zubereitung:
- o Himbeeren pürieren.
- o Frischkäse, Mark der Vanilleschote, pürierte Himbeeren, sowie Honig, Eigelb, Sahne, Milch, Puderzucker und Himbeermarmelade zu einer Mousse verrühren.
- o Gelatine nach Anleitung des Herstellers in kaltem Wasser einweichen, ausdrücken und in einem Topf bei schwacher Hitze oder im Wasserbad auflösen. Danach das angerührte Mousse langsam zu der Gelatine hinzugeben und glatt rühren.
- o In Gläser füllen und ca. 1 Stunde kalt stellen.

Himbeersahne-Eiweißpüree

Zutaten:
250 ml   Sahne
4   Eiweiß
250 ml   Natur-Joghurt
6 EL   vom selbst hergestellten Himbeermark

Zubereitung:
- o Sahne sowie Eiweiß steif schlagen und unter den Joghurt heben.
- o Das Himbeermark vorsichtig unter die Sahne- / Eiweiß- / Joghurtmischung heben.

Anrichten der Nachspeise:
- o Himbeersahne-Mousse in ein Glas füllen, tropfenweise mit Himbeermark und Kokosraspeln verzieren.
- o Auf das gekühlte Himbeersahne-Eiweißpüree einige Himbeeren dekorativ verteilen und mit Kokosraspeln und etwas Puderzucker verzieren.

Himbeer-Nashi-Mark

Zutaten:
125 g	Himbeeren, frisch
4	Minzblätter
1	Orange - Saft und Zesten
½	Nashi-Birne

Zubereitung:
Alle Zutaten im Mixer zu einer homogenen Creme verarbeiten.

Himbeer-Joghurt-Creme

Zutaten:
250 g	Himbeere, gefroren
4	Minzblätter
200 g	Joghurt 3,5 %

Zubereitung:
Alle Zutaten im Mixer zu einer homogenen Creme verarbeiten.

Mascarpone-Honig-Creme

Zutaten:
250 g	Mascarpone
2 EL	Honig
50 g	Kokosraspeln

Zubereitung:
- o Jeweils alle Zutaten im Mixer zu einer homogenen Creme verarbeiten.
- o 2/3 des Himbeer-Nashi-Mark mit der Himbeer-Joghurt-Creme und der Mascarpone-Honig-Creme gut vermischen.
- o Nach Belieben auf einem Teller anrichten und mit dem restlichen Himbeer-Nashi-Mark garnieren.

HUNDEKEKSE

Kürbiskern-Herzen

Zutaten:

400 g	Vollkornweizenmehl
170 g	Haferflocken
2 EL	Kürbiskerne, ungesalzen
2 EL	Kokosöl
1 Scheibe	Knoblauch
5 EL	frische Basilikum-Blätter
250 ml	Wasser

Zubereitung:

- Haferflocken, Kürbiskerne, Öl, gehackter Knoblauch und die Basilikum-Blätter im Mixer zu einer homogenen Masse verarbeiten.
- Wasser dazugeben und nochmals mixen.
- In ein Schüssel umfüllen und mit dem Mehl zu einem glatten Teig verkneten.
- ½ cm dick ausrollen und z.B. Herzen ausstechen, diese mit Kürbiskernen verzieren.

Backen: bei 150 °C - 1 Stunde.
Im ausgeschalteten Ofen erkalten und über Nacht weiter trocknen lassen.

Honigkugeln

Zutaten:

300 g	Maisgrieß
2 EL	Sesamöl
2 EL	Honig
1 Prise	Salz
½ l	kochendes Wasser

Zubereitung:

- Maisgrieß mit Sesamöl, Honig und Salz in eine Rührschüssel geben, mit kochendem Wasser übergießen und gut vermengen. Abkühlen lassen.
- Mit feuchten Händen den Teig nochmals durchkneten, möglichst kleine Kugel formen und auf ein Backblech legen.

Backen: bei 180 °C - 30 Minuten

Nährstoffe

Vitamine, Mineralstoffe und Spurenelemente sind für die Gesundheit unentbehrlich. Werden sie dem Körper nicht ausreichend durch Nahrung zugeführt, kommt es zu Mangelerscheinungen, die das Wohlbefinden und Leistungsvermögen der Tiere stark beeinträchtigt.

> **Vitamine**

Vitamine sind essentielle Wirkstoffe, die zur Aufrechterhaltung der Gesundheit und Leistungsfähigkeit des Organismus lebensnotwendig sind. Die meisten Vitamine müssen mit der Nahrung aufgenommen werden, da sie vom Körper nicht bedarfsdeckend oder gar nicht synthetisiert werden können.

Hunde sind eingeschränkt zur Eigensynthese einiger Vitamine fähig: z.B. den B-Vitaminen und Vitamin K, die im Darm durch Darmbakterien gebildet werden. Das Vitamin C kann über Glucose synthetisiert werden. Vitamin D entsteht durch Sonneneinstrahlung über die Haut. Einige Vitamine werden dem Körper als *Provitamine* zugeführt. Diese Provitamine als biologische Vorstufe der Vitamine, müssen im Körper in die entsprechende Wirkform umgebildet werden, wie z.B. das von Pflanzen gebildete Beta-Carotin (β-Carotin), das in Vitamin A (Retinol) umgewandelt wird.

Bestimmte Vitamine können im Körper sozusagen auf Vorrat gespeichert werden, andere wiederum nicht. Sie müssen immer über die Nahrung zugeführt werden.

Danach werden die Vitamine in zwei Gruppen eingeteilt:
- Fettlösliche, speicherbaren Vitamine:
  A, D, E, K
  Fettlösliche Vitamine können nur zusammen mit Fett aufgenommen werden. Deshalb sollte z.B. bei der Fütterung von Karotten (Vitamin A) immer etwas Öl verwendet werden. Eine Ausnahme bildet Vitamin K. Es kann trotz seiner Fettlöslichkeit nur in geringfügigen Mengen vom Körper gespeichert werden.
- Wasserlösliche, nicht speicherbaren Vitamine.
  B_1, B_2, B_3, B_5, B_6, B_7, B_9, B_{12} sowie zusätzlich das Vitamin **C.**
  Eine Ausnahme bildet das Vitamin B_{12}. Es kann trotz seiner Wasserlöslichkeit vom Organismus gespeichert werden.

Vitamin A (Retinol / β-Carotin)
ist zuständig für Haut, Haare, Stoffwechsel und Wachstum, sowie für den Sehvorgang, stärkt das Immunsystem, wirkt blutreinigend.
Enthalten in:
tierisch: Rindfleisch, Innereien, Eigelb, Lachs, Dorsch, Lebertran, Milchprodukten
pflanzlich: Broccoli, Feldsalat, Karotte, Kohlrabi, Kürbis, Paprika, Petersilie, Rote Bete, Sellerie, Spargel, Spinat, Süßkartoffel, Aprikose, Brombeere, Kirsche, Mango

Vitamin B_1 (Thiamin)

stärkt Herz, Muskulatur und Knochen, regt die Verdauung und den Stoffwechsel an.

Enthalten in:

tierisch: Muskelfleisch, Leber, Eigelb, Lachs, Thunfisch, Geflügel (gegart)

pflanzlich: Broccoli, Feldsalat, Grünkohl, Karotte, Kohlrabi, Löwenzahn, Spargel, Süßkartoffel, Ananas, Brombeere, Erdbeere, Kiwi, Sesam (geröstet), Pflaumen / Zwetschgen, Vollkorngetreide

Vitamin B_2 (Riboflavin)

ist essentiell für die Verwertung von Fetten, Kohlenhydraten und Eiweißen und für die reibungslose Verstoffwechselung anderer B-Vitamine mitverantwortlich.

Enthalten in:

tierisch: Muskelfleisch, Leber, Fisch, Ei, Milchprodukte

pflanzlich: Broccoli, Grünkohl, Spargel, Spinat, Apfel, Kiwi, Melone, Pflaumen, Roggen, Bierhefe-Pulver

Vitamin B_3 (Niacin (Nicotinsäureamid und Nicotinsäure))

ist für den Abbau von Kohlenhydraten, Eiweißen und Fetten notwendig und für die Bildung von Nervenbotenstoffen im Gehirn erforderlich.

Enthalten in:

tierisch: Rind- / Geflügelfleisch, Geflügelleber, Wild, Fisch, Ei, Milchprodukten

pflanzlich: Broccoli, Grünkohl, Apfelsine, Banane, Erdnuss, Cashew-Kern, Bierhefe-Pulver.

Vitamin B_5 (Pantothensäure)

spielt eine zentrale Rolle im Fettstoff-, Kohlenhydrat- und Eiweißstoffwechsel.

Enthalten in:

tierisch: Muskelfleisch, Innereien, Hering, Milch, Eigelb

pflanzlich: Blumenkohl, Broccoli, Kürbis, Spargel, Ananas, Aprikose, Mandarine, Nüsse (besonders Pinienkerne), Vollkornprodukte, Reis, Bierhefe-Pulver

Vitamin B_6 (Pyridoxin),

ist unerlässlich für Gesunderhaltung und Funktion der Nervenzellen.

Enthalten in:

tierisch: Muskelfleisch, Leber, Geflügel, Lachs, Thunfisch, Forelle, Hering, Milchprodukten

pflanzlich: Blumen-, Grün-, Rosenkohl, Feldsalat, Paprika, Sellerie, Apfel, Banane, Heidelbeere, Kirsche, Kiwi, Mango, Melone, Vollkornprodukte, Haselnuss, Bierhefe-Pulver

Vitamin B_7 (Vitamin H) (Biotin)

hat wichtige Funktionen in verschiedenen Stoffwechselvorgängen.

Enthalten in:

tierisch: Innereien, Eigelb

pflanzlich: Banane, Erdnuss, Hefe, Vollkornprodukte, Reis

Vitamin B_9 (Folsäure)
ist an der Zellteilung und Reifung von roten Blutkörperchen beteiligt.
Enthalten in:
tierisch: Muskelfleisch, Leber, Fisch, Eigelb, Milchprodukten
pflanzlich: Blumen-, Grün-, Rosenkohl, Broccoli, Fenchel, Karotten, Rote Bete, Spinat, Aprikose, Banane, Erdbeere, Mango, Nüsse, Vollkornprodukten

Vitamin B_{12} (Cobalamin)
wirkt nervenstärkend, stoffwechselanregend, hilfreich bei der Bildung roter Blutkörperchen.
Enthalten in:
tierisch: Fleisch, Innereien, Fisch, Milch, Eiern, Milchprodukten
pflanzlich: Fenchel, Pastinake, Sellerie, Banane, Vollkornprodukten

Vitamin C (Ascorbinsäure)
verbessert die Verwertung von Eisen aus pflanzlichen Quellen, stärkt das Immunsystem, aktiviert den Stoffwechsel, indem es den Fettabbau anregt.
Enthalten in:
tierisch: Kalbs-, Rinderleber, Milchprodukten
pflanzlich: Broccoli, Feldsalat, Fenchel, Karotte, Paprika, Pastinake, Petersilie, Rote Bete, Ananas, Apfel, Birne, Erdbeere, Granatapfel, Kirsche, Mandarine, Mango, Nektarine, Pfirsich, Schwarze Johannisbeere, Preiselbeere

Vitamin D (Cholecalciferol)
wird zu den Hormonen gezählt. Es dient der Knochenbildung und Regulation des Calcium- und Phosphat-Stoffwechsels.
Enthalten in:
tierisch: Kalbfleisch, Rinderleber, Hering, Lachs, Eigelb, Lebertran, Milchprodukten
pflanzlich: Spinat, Dattel, Kiwi

Vitamin E (Tocopherol)
stärkt die Funktion der Organe und das Immunsystem, wirkt entzündungshemmend.
Enthalten in:
tierisch: Leber, Eier, Milch, Butter, Margarine
pflanzlich: Feldsalat, Fenchel, Karotte, Löwenzahn, Porree, Zucchini, Apfel, Banane, Erdbeere, Himbeere, Nüsse, Pflaumen, Raps- und Sonnenblumenöl

Vitamin K_1 (Phyllochinon) - Pflanzliches Vitamin K
spielt eine wichtige Rolle für die Blutgerinnung, Blutgerinnungshemmung, den Knochenstoffwechsel, für Wachstum und Gewebebildung, sowie Gesunderhaltung der Blutgefäße.
Enthalten in:
tierisch: Hühnerfleisch, Leber
pflanzlich: Blumenkohl, Broccoli, Rosenkohl, Spargel, Spinat, Rapsöl, Granatapfel

Vitamin K_2 (Menachinon) - Bakterielles Vitamin K
wird von Bakterien im Dickdarm gebildet.
Enthalten in: in fermentierten Lebensmitteln und in hoher Konzentration im Tierkot.

131

➤ **Mineralstoffe**

sind lebensnotwendige anorganische Nährstoffe, welche der Organismus nicht selbst herstellen kann. Sie müssen ihm daher mit der Nahrung zugeführt werden. Sie sind Baustoffe für Knochen und Zähne, für die Nervenfunktion und Muskelkontraktion sowie für die Regelung des Wasserhaushaltes.

Calcium
gilt als wichtigster Baustein für Nerven, Knochen und Zähne, hilft bei der Blutgerinnung, aktiviert Enzyme, steuert die Erregbarkeit von Nerven, Herz und Muskeln.
Enthalten in: Knochen, Eierschale, Milchprodukten, Nüssen, Broccoli, Fenchel, Grünkohl, Porree, Spinat, Brombeere, Himbeere, Johannisbeere, Mango, Pflaumen.

Chlorid
Hauptfunktion ist die Aufrechterhaltung der Gewebespannung. Außerdem ist Chlorid Bestandteil der Magensäure und hilft dadurch Nahrungsbestandteile aufzuschließen.
Enthalten in: mit Natrium als Kochsalz in fast allen Lebensmitteln

Kalium
ist wichtig für die Herztätigkeit, entwässert und kräftigt die Nieren, sorgt für eine normale Erregbarkeit von Muskeln und Nerven.
Enthalten in: Blumenkohl, Broccoli, Fenchel, Grünkohl, Löwenzahn, Rosenkohl, Spinat, Aprikose, Banane, Himbeere, Honigmelone, Johannisbeere, Kiwi, Mirabelle, Pflaumen

Magnesium
hilft beim Knochenaufbau, fördert die Blutgerinnung und unterstützt den Stoffwechsel.
Enthalten in: Hühnerfleisch, Kohlrabi, Spinat, Ananas, Banane, Himbeere, Kiwi, Haselnuss, Walnuss

Phosphor
ist wichtig für die Stärkung der Hirntätigkeit und den Aufbau von Muskulatur und Knochen.
Enthalten in: Fleisch und Fisch, Milchprodukten, Kohlrabi, Spinat, Birne, Kirsche, Erdbeere, Pflaumen, Walnuss

Schwefel
hat eine wichtige Funktion als Bestandteil von bestimmten Aminosäuren und Vitaminen.
Enthalten in, z.B.: Fleisch, Ei, Milchprodukten, Rote Bete, Spinat, Nüsse

Natrium
reguliert unter Anderem den Wasserhaushalt, gewährleistet die Erregbarkeit von Muskeln und Nerven und aktiviert verschiedene Enzyme.
Enthalten in: Geflügelfleisch, Fisch, Eigelb, Milchprodukten, Grünkohl, Kürbis, Porree, Rote Bete, Sellerie, Birne, Erdbeere, Heidelbeere, Kirsche, Pfirsich

Calcium- und Phosphor-Verhältnisse

ein gutes Ca/P-Verhältnis ist wichtig für ein stabiles Skelett, gute Muskelkontraktion, Blutgerinnung, Zellvermehrung und ein stabiles Nervenkostüm.

Wird zu viel reines Muskelfleisch gefüttert, kann es zu einer Phosphor-**über**- und zu einer Calcium-**unter**versorgung kommen, da die Phosphorwerte im Muskelfleisch sehr hoch und die Calciumwerte sehr gering sind. Um diese Mangelerscheinung zu vermeiden wird eine abwechslungsreiche Fütterung empfohlen.

Ein ideales Verhältnis wird mit 1,3 (Ca): 1 (P) angegeben.

➢ **Spurenelemente**

Spurenelemente tragen maßgeblich zu hormonellen und enzymatischen Reaktionen bei.

Chrom
reguliert den Kohlenhydratstoffwechsel und die Fettverwertung.
Enthalten in: Muskelfleisch, Leber, Nieren, Eigelb, Käse, Broccoli, Paranuss

Cobalt
wesentliche Funktion als zentraler Baustein im Vitamin B12.
Enthalten in: Fleisch, Fisch, Leber, Niere, Herz, Ei, Milchprodukten, Spinat

Eisen
ist unentbehrlich für die Sauerstoffübertragung im Körper, somit Baustein für die roten Blutkörperchen.
Enthalten in: Rind-/ Geflügelfleisch, Rinderleber, Fisch, Eigelb, Milchprodukten, Fenchel, Feldsalat, Spinat, Basilikum, Johannisbeere, Kirschen, Kiwi, Pflaumen, Nüsse

Fluorid
wirkt sich positiv auf die Wundheilung aus und hemmt Zahnverfall.
Enthalten in: Rindfleisch, Innereien, Fisch, Feldsalat, Erdbeere, Mirabelle, Nüsse

Jod
ist zuständig für die Schilddrüsenfunktion, Zellerneuerung und Stoffwechselregulierung.
Enthalten in: Fisch, Milchprodukten, Broccoli, Porree, Zucchini, Banane, Birne, Mango

Kupfer
ist an der Bildung der roten Blutkörperchen beteiligt und spielt eine Rolle für die Funktion des zentralen Nervensystems sowie beim Pigmentstoffwechsel.
Enthalten in: Leber, Blumenkohl, Spinat, Zucchini, Vollkornprodukte, Nüsse, Aprikose, Birne

Mangan
entgiftet, regt die Fettverbrennung an, ist knochenbildend, wirkt positiv bei Zellstoffwechselstörungen und Fermentschwäche.
Enthalten in: Broccoli, Porree, Rosenkohl, Rote Bete, Banane, Birne, Brombeere, Erdbeere, Heidebeere, Haferflocken, Nüssen

Nickel

wird als Baustein verschiedener Eiweiße und für die Eisenaufnahme sowie -verwertung benötigt. Man vermutet, dass Nickel im Zellkern beim Aufbau des Erbguts mitwirkt.

Enthalten in: Fisch, Broccoli, Pastinake, Rosenkohl, Spinat, Ananas, Aprikose, Himbeere, Melone, Pfirsich, Haferflocken, Nüsse

Selen

ist bei der Körperabwehr und auch bei Bildung und Abbau von Schilddrüsenhormonen von Bedeutung.

Enthalten in: Rindfleisch, Innereien, Fisch, Broccoli, Kürbis, Petersilie, Zucchini, Birne, Nüsse

Zink

ist an vielen Stoffwechselreaktionen und der Enzymaktivierung beteiligt.

Enthalten in: Kalbfleisch, Innereien, Käse, Blumenkohl, Kohlrabi, Rote Beete, Ananas, Dattel, Pflaumen

Giftnotzentralen

Schon bei dem Verdacht auf eine Vergiftung sollten Sie keine Zeit verlieren und zu Ihrem Tierarzt oder der Tierklinik gehen.

Folgende Informationen sind dann für den Arzt wichtig:

- **Wer:** Um welche Tierart und Rasse handelt es sich?
  Wie alt und wie schwer ist das Tier?
  In welchem gesundheitlichen Zustand befindet sich das Tier?
  (Symptome beschreiben)
- **Was:** Ist das Gift bekannt? (z.B. Giftpflanze, Nahrungsmittel, Medikament, Reinigungsmittel, etc.)
  Es wäre hilfreich, wenn Sie noch vorhandene Pflanzenteile, Nahrungsmittel, ggf. Erbrochenes, sowie Verpackungen oder Beipackzettel mit in die Tierarzt-Praxis bringen!
- **Wann:** Zeitpunkt, wann das Tier das Gift aufgenommen hat?
- **Wie viel:** Menge z.B. des Giftes, Tabletten usw.
- **Wie:** Verschlucken, Hautkontakt usw.

DEUTSCHLAND:

Baden-Württemberg
Informationszentrale für Vergiftungen Universitätskinderklinik
79106 Freiburg
Telefon: 0761 / 19240 + 0761 / 2704361

Bayern
Toxikolog. Abteilung der II. Medizinische Klinik rechts der Isar der TUM
81675 München
Telefon: 089 / 19240

Toxikolog. Intensivstation, II. Medizinische Klinik, Städtisches Krankenhaus Nord
90419 Nürnberg
Telefon: 0911 / 3982451

Berlin & Brandenburg
Landesberatungsstelle für Vergiftungserscheinungen
14050 Berlin
Telefon: 030 / 19240

Bremen / Hamburg / Schleswig-Holstein / Niedersachsen
Pharmakologisches und toxikologisches Zentrum der Universität Göttingen
37075 Göttingen
Telefon: 0551 / 19240

Mecklenburg-Vorpommern / Sachsen / Sachsen-Anhalt / Thüringen
Gemeinsames Giftinformationszentrum
99089 Erfurt
Telefon: 0361 / 730730

Nordrhein-Westfalen
Informationszentrale der Rheinischen Friedrich-Wilhelm-Universität
53113 Bonn
Telefon: 0228 / 19240

Rheinland-Pfalz & Hessen
Beratungsstelle der. II. Medizinische Klinik und Poliklinik der Universität
55131 Mainz
Telefon: 06131 / 19240

Saarland
Im Landeskrankenhaus
66421 Homburg / Saar
Telefon: 06841 / 19240

ÖSTERREICH:
Vergiftungsinformationszentrale
A-1010 Wien
Tel. (+43) 01 / 406 43 43

SCHWEIZ:
Schweizerisches Toxikologisches Informationszentrum
CH-8030 Zürich
Tel. (+41) 44 251 51 51

Quellen / Literaturangaben

- Bendel, Lothar – "Das große Lexikon der Kräuter, Gewürze, Früchte u. Gemüse"
  Anaconda Verlag (2010)

- Döll, Michaela / Walle, Hardy – "Vitalstoffe von A bis Z"
  Herbig Verlag (2011)

- Kupper, Jacqueline / Demuth, Daniel - "Giftige Pflanzen für Klein- und Heimtiere"
  Enke Verlag (2010)

- Simon, Swanie – "BARF - Biologisch Artgerechtes Rohes Futter"
  Drei Hunde Nacht Verlag (2008)

- Vaughn, Gitta – "BARF oder nicht barf"
  www.hundezeitung.de (2002)

- Von Braunschweig, Ruth – "Pflanzenöle"
  Stadelmann Verlag (2010)

- aid – „Tiefkühlkost - Einfrieren von A bis Z"

- CliniPharm/CliniTox – Institut für Veterinärpharmakologie und -toxikologie
  http://www.vetpharm.uzh.ch/perldocs/index_x.htm

- http://www.onmeda.de – "Nährstoffe"

- https://www.verbraucherzentrale.de/fleisch-und-gefluegel-lagerung

Über den Autor

Haiko Blank hat schon früh seine Liebe zu Hunden entdeckt und ist mit ihnen aufgewachsen. Er hat diese Leidenschaft zu seinem Beruf gemacht.

Seit über 10 Jahren ist er in seiner eigenen Hundeschule DOGLIFE als Personaltrainer im Bereich Hundeerziehung, sowie Rehabilitation von Hunden tätig. Während dieser Zeit lernte er viele Hunde und ihre Menschen kennen mit deren unterschiedlichsten Problemen. Durch seine Ausbildungen zum Tierpfleger in den Bereichen Haus- und Pensionstiere, sowie zum Tierheilpraktiker, Physiotherapeut und Ernährungsberater für Hunde, hat er sich durch darauf aufbauende Weiterbildungen, sein Wissen auch in Kräuterheilkunde und Futtermittelkunde erworben.

Haiko und Neo

So ist er nicht nur auf dem Gebiet der Hundeerziehung, sondern auch bei Ernährungsproblemen der 4-Beiner, ein geschätzter Ansprechpartner.

Die eigenen Hunde hat er schon vom Welpenalter an mit Rohfleisch ernährt. Dadurch entwickelte er im Laufe der Jahre seine eigene Philosophie zum Thema BARF.

Grundlage des BARFens ist die naturnahe Ernährung. Für ihn ist der gesundheitliche Aspekt das wichtigste Argument für die BARF-Ernährung.

Ihm geht es nicht um wissenschaftliche Richtwerte oder minutiöse Berechnungen von Nährstoffen, sondern um die Ausgewogenheit der Ernährung - diese muss gegeben sein!